Amir Zaidi

Leishmaniose e o papel do ferro

Amir Zaidi

Leishmaniose e o papel do ferro

ScienciaScripts

Imprint

Any brand names and product names mentioned in this book are subject to trademark, brand or patent protection and are trademarks or registered trademarks of their respective holders. The use of brand names, product names, common names, trade names, product descriptions etc. even without a particular marking in this work is in no way to be construed to mean that such names may be regarded as unrestricted in respect of trademark and brand protection legislation and could thus be used by anyone.

Cover image: www.ingimage.com

This book is a translation from the original published under ISBN 978-620-2-00525-8.

Publisher:
Sciencia Scripts
is a trademark of
Dodo Books Indian Ocean Ltd. and OmniScriptum S.R.L publishing group

120 High Road, East Finchley, London, N2 9ED, United Kingdom
Str. Armeneasca 28/1, office 1, Chisinau MD-2012, Republic of Moldova, Europe
Printed at: see last page
ISBN: 978-620-7-90437-2

Índice:

Leishmaniose e o papel do ferro:

Terapêuticas actuais, alvos de medicamentos contra a leishmaniose e a aquisição de ferro pelo parasita - um novo alvo de medicamentos em expansão - uma visão geral

Por:

Amir Zaidi

RAJENDRA MEMORIAL RESEARCH INSTTITUTE OF MEDICAL SCIENCES

2017

Resumo:

A leishmaniose é uma das seis doenças consideradas mais negligenciadas pela Organização Mundial de Saúde e é predominante nos países em desenvolvimento. Os parasitas protozoários cinetoplastídeos unicelulares do género *Leishmania* são os agentes causadores de doenças negligenciadas complexas denominadas leishmaniose e continuam a ser um problema de saúde significativo a nível mundial. O Capítulo 1 apresenta uma breve panorâmica da leishmaniose e descreve o número de medicamentos disponíveis para o tratamento, bem como a via de ação do parasita *Leishmania*. No entanto, os medicamentos atualmente utilizados para o tratamento da leishmaniose têm efeitos secundários graves, bem como problemas de resistência aos medicamentos. Por conseguinte, a procura de fármacos alternativos para o tratamento da leishmaniose é muito procurada, visando frequentemente as vias metabólicas da *Leishmania* que estão ausentes ou são diferentes das do hospedeiro mamífero e que estão envolvidas na sobrevivência, patogénese e resistência do parasita aos fármacos. Para a sobrevivência e virulência do parasita, o ferro, como ião metálico, desempenha um papel crucial em muitas facetas do metabolismo celular como cofator de várias enzimas. A aquisição de ferro é essencial para a sobrevivência dos parasitas. No entanto, os parasitas são também vulneráveis à toxicidade do ferro e das espécies reactivas de oxigénio. O objetivo do capítulo 2 é fornecer uma atualização dos conhecimentos actuais sobre a aquisição e utilização do ferro por espécies de *Leishmania*. Além disso, discute-se a estratégia do hospedeiro para modular a disponibilidade de ferro e as estratégias utilizadas pelos parasitas de *Leishmania* para ultrapassar as defesas de retenção de ferro e, assim, favorecer o crescimento do parasita nos macrófagos do hospedeiro. Uma vez que o ferro desempenha papéis centrais na resposta do hospedeiro e no metabolismo do parasita, uma compreensão abrangente do metabolismo do ferro é benéfica para identificar potenciais oportunidades terapêuticas viáveis contra a leishmaniose.

Palavras-chave: Leishmaniose, *Leishmania*, Resistência a Drogas, Alvos de Drogas, Homeostase do Ferro, Macrófago
Abreviatura: LV, Leishmaniose Visceral; OMS, Organização Mundial da Saúde,

Capítulo 1
Leishmaniose, terapêuticas actuais e alvos de medicamentos: uma visão geral
1. Introdução

O género *Leishmania* é o agente causador da leishmaniose, uma doença parasitária grave de importância considerável tanto em termos de diversidade como de complexidade. Foi referido que o número de pessoas em risco de contrair leishmaniose é de aproximadamente 350 milhões e que se registam 2,3 milhões de novos casos todos os anos[1, 2]. Todas as espécies de *Leishmania* têm um ciclo de vida digenético e alternam entre promastigotas móveis flagelados e amastigotas não flagelados e não móveis[3-5]. Clinicamente, a doença é classificada em três categorias principais, conhecidas como leishmaniose cutânea (LC), leishmaniose mucocutânea (LCM) e leishmaniose visceral (LV). A LC é a forma mais comum, marcada por lesões cutâneas e é causada por *L. major, L. aethiopica, L. mexicana, L. tropica* e *L. braziliensis* [6]. A estimativa global da LC é de cerca de 0,7 a 1,2 milhões de casos por ano [7] e, em termos epidémicos, 90% dos casos de LC ocorrem no Afeganistão, Irão, Peru, Brasil, Síria, Argélia, Arábia Saudita e Colômbia. A LCM é causada principalmente por *L. braziliensis* e ocorre predominantemente na América Central, Bolívia, Peru e no estado brasileiro da Bahia. Caracteriza-se pela disseminação metastática de macrófagos infectados para os tecidos mucosos do nariz, boca, laringe e faringe [6]. A LV é responsável por manifestações sistémicas graves e é fatal, se não for tratada [8]. A LV é causada por três espécies diferentes de *Leishmania*, nomeadamente *L. donovani, L. infantum* e *L chagasi*, e afecta anualmente 0,2-0,4 milhões de pessoas em todo o mundo. Os protozoários parasitas do género *Leishmania* são membros da família Trypanosomatidae, que inclui organismos unicelulares caracterizados pela presença de um único flagelo e de um organelo rico em ADN, semelhante a uma mitocôndria, o cinetoplasto. O parasita migra para o órgão visceral (os órgãos internos incluem o fígado e o baço) e também para a medula óssea. O mosquito da areia é o principal vetor de transmissão da *Leishmania*. Apresenta duas formas: no velho mundo (*Phlebotomus*) e no novo mundo (Lutzomyia). No trato alimentar (mosquito da areia), o parasita existe no extracelular como uma forma móvel flagelada conhecida como promastigota[8]. Quando o inseto aspira sangue, as promastigotas metacíclicas são injectadas na derme e fagocitadas pelos macrófagos do hospedeiro. As promastigotas metacíclicas diferenciam-se na forma amastigota não móvel e multiplicam-se posteriormente por reprodução assexuada.

1.1. Sinais e sintomas

Os sinais e sintomas de uma pessoa infetada caracterizam-se por febre ondulante, hepatoesplenomegalia, linfadenopatia ocasional, anemia, leucopenia, hipergamaglobulinemia e uma síndrome de perda de peso [9-12]. O parasita, depois de entrar no hospedeiro, invade as células do sistema retículo-endotelial, onde reside e se multiplica, sendo a célula alvo os fagócitos mononucleares e os órgãos afectados são o baço, o fígado, os gânglios linfáticos e a medula óssea. Outros órgãos e tecidos que também podem ser afectados são o intestino, os pulmões e a pele e, raramente, a mucosa oral, a íris, a placenta e o timo. Uma vez infectadas, as vítimas permanecem vulneráveis a surtos potencialmente fatais ao longo da vida. Contudo, os doentes que recuperam da doença, espontaneamente ou através de quimioterapia, tornam-se subsequentemente imunes a um ataque da forma viscerotrópica da doença, embora alguns deles possam desenvolver leishmaniose dérmica pós-calazar (LDPC), um recrudescimento dérmico da LV [13]. A LV pode ser complicada por infecções bacterianas secundárias graves, como a pneumonia, a disenteria e a tuberculose pulmonar, que contribuem frequentemente para a elevada taxa de mortalidade dos doentes com LV. Outras complicações, embora raras, incluem anemia hemolítica, lesão renal aguda e hemorragia grave das mucosas. De acordo com a Organização Mundial de Saúde (OMS), existe o problema emergente da co-infeção VIH/LV (mais hipóteses de infeção secundária).

1.2. Medicamentos atualmente disponíveis

Atualmente, não existe vacina disponível para nenhuma forma de *Leishmania,* incluindo a leishmaniose visceral (LV), que, se não for tratada, é quase sempre fatal. A LV resulta da infeção sistémica com *L. infantum,* que ocorre na Europa, Norte de África, América do Sul e Central, e *L. donovani,* que se encontra em toda a África Oriental, Índia e partes do Médio Oriente[14]. Atualmente, estão em curso muitos projectos no RMRIMS e em organizações internacionais para a conceção de vacinas, mas encontram-se na fase inicial (projeto DNA Leishvax (Comissão Europeia).

Uma nova abordagem da nanomedicina tem sido bem sucedida no tratamento da leishmaniose

[1517]. A LV é insatisfatória em termos de segurança e eficácia, o que contrasta fortemente com as necessidades terapêuticas em termos de pessoas em risco, número de doentes afectados e mortes associadas. Esta discrepância deve-se principalmente à prevalência em países tropicais e subtropicais com padrões socioeconómicos parcialmente baixos. As dificuldades associadas à penetração no mercado com margens de lucro razoáveis têm diminuído o empenhamento das empresas farmacêuticas.

1.3. Regime de dosagem

Estão disponíveis tratamentos quimioterapêuticos alternativos com AmpB [18-23] e a sua formulação lipídica [24, 25], mas a sua utilização é limitada devido à toxicidade ou ao elevado custo do tratamento. O armamentário foi enriquecido com compostos como a miltefosina [26-28], originalmente desenvolvidos para a terapia do cancro. Por outro lado, a reserva de medicamentos para doenças negligenciadas, como a leishmaniose e a tripanossomíase, permaneceu praticamente vazia (TDR, 2010). No quadro 1, descrevemos a eficácia, as vantagens e as limitações de cada medicamento contra a leishmaniose. A anfotericina B lipossómica (AmBisome)[29] tem a maior eficácia no tratamento da leishmaniose.

1.4. Medicamentos pré-clínicos

A taxa de sucesso da terapia combinada será altamente satisfatória. O quadro 1.1 reuniu todas as informações numa única plataforma. Os desafios actuais da quimioterapia incluem a disponibilidade de muito poucos fármacos, o aparecimento de resistência aos fármacos existentes, a sua toxicidade e a falta de eficácia em termos de custos. Por conseguinte, é da maior importância procurar fármacos eficazes e novos alvos para o tratamento da leishmaniose [30]. Infelizmente, a investigação pós-genómica relacionada com a caraterização funcional de potenciais alvos de medicamentos está atrasada [31, 32]. No entanto, já não existe uma escassez de potenciais alvos de medicamentos. O desafio consiste antes em selecionar os alvos proteicos mais promissores ou um grupo de alvos proteicos (mais do que um) para a descoberta e o desenvolvimento de medicamentos, a fim de utilizar da forma mais económica possível os recursos ainda escassos.

1.5. Objectivos importantes

Nas últimas duas décadas, um dos principais objectivos da conceção racional de fármacos tem sido a descoberta de ligandos maximamente selectivos para sítios de ligação específicos em alvos moleculares individuais. O pressuposto é que, se a potência e a seletividade de um ligando para o alvo desejado forem aumentadas, deverá haver uma diminuição correspondente dos efeitos secundários indesejáveis que podem surgir da ligação a alvos secundários. Verificou-se que as chalconas (18 números de compostos) estão em fase pré-clínica, enquanto os grupos de azóis têm um total de 15 compostos que prometem ser os futuros compostos antileishmaniais[33]. Nesta perspetiva, apresentam-se a seguir algumas das vias metabólicas que são essenciais e que podem ser utilizadas como potenciais alvos de medicamentos na *Leishmania*.

1.5.1 Via metabólica dos tióis

Na *Leishmania*, os compostos de baixa massa molecular que contêm grupos tiol redox activos mantêm o estado redox intracelular, actuando como tampões redox. A adaptação eficiente durante as diferentes condições ambientais impostas pelas fases do seu ciclo de vida depende exclusivamente da homeostase redox mediada por tióis e o nível de $T(SH)_2$ varia consoante as diferentes fases de crescimento dos tripanossomatídeos. Tal como referido anteriormente no *Trypanosoma cruzi,* os epimastigotas têm uma concentração de $T(SH)_2$ mais elevada do que os tripomastigotas e os amastigotas [34, 35]. Nesta via, uma das enzimas-chave é a tripanotiona sintetase (TryS), que catalisa a reação de conjugação para a formação de $T(SH)_2$. Como a TryS é a única enzima central envolvida na biossíntese de $T(SH)_2$ de *L. amazonensis* e *L. donovani*, esta enzima também é colocada a montante do metabolismo dos tióis. No entanto, a GSH é inadequada para substituir as funções vitais de $T(SH)_2$, uma vez que a depleção de TryS dos parasitas prejudicou o mecanismo de defesa dependente da cascata de tióis [36]. A homologia não significativa da TryS com qualquer proteína de mamífero significa a importância da TryS como alvo de medicamentos.

Outra enzima é a tripanotiona redutase (TryR) que pertence à família das oxidorredutases FAD-cistina e recicla T(S) e Gsp-dissulfureto de volta ao estado tiol com a utilização da molécula de NADPH. Em *L. donovani,* a disrupção do gene TryR diminui a capacidade do parasita para sobreviver ao stress oxidativo no interior de macrófagos activados [37, 38]. Tal como referido, a sobre-expressão do TryR em *L. donovani* aumenta a capacidade de regenerar $T(SH)_2$ a partir de T(S), mas a sua sensibilidade aos oxidantes exógenos permanece inalterada

[39]. Além disso, estudos de nocaute condicional em *Trypanosoma brucei* resultaram em paragem do crescimento com maior suscetibilidade a H2O2 e perda de virulência em ratinhos [40]. Por conseguinte, o TryR desempenha um papel vital na infecciosidade e sobrevivência dos tripanossomatídeos. Ao longo das duas décadas, foram testados vários compostos que visam seletivamente o TryR para tratar a tripanossomíase e a leishmaniose.

1.5.2. Via de biossíntese de esteróis

Os esteróis são constituintes importantes das membranas celulares que são cruciais para a função celular e a manutenção da estrutura celular. Os tripanosomatídeos preparam ergosterol, que é necessário para a sua viabilidade e crescimento, mas os esteróis não estão presentes nas células dos mamíferos. Esta é a principal razão pela qual a via biossintética do esterol para a *Leishmania* foi sugerida como um importante alvo de medicamentos[41].

1.5.3. Via de recuperação das purinas

A via de recuperação das purinas é importante para a sobrevivência do organismo parasita, que depende total ou parcialmente do organismo hospedeiro. Têm uma variedade de funções que incluem processos celulares e metabólicos vitais, incluindo a produção de energia, a sinalização celular, a síntese de cofactores derivados de vitaminas e ácidos nucleicos, e como determinantes do destino celular. Ao contrário das células hospedeiras (mamíferos e insectos hospedeiros), *a Leishmania* não dispõe de uma via de síntese de purinas de *novo* [42]. A natureza obrigatória do parasita constitui um alvo atrativo para a descoberta de medicamentos. Estudos metabólicos, bioquímicos e genéticos revelaram que os promastigotas de *Leishmania donovani* transformam uma variedade de purinas exógenas em hipoxantina, indicando que a enzima hipoxantina-guanina fosforibosiltransferase (HGPRT) desempenha um papel central neste processo de aquisição de purinas [43]. Uma das actividades biocatalíticas mais importantes da HGPRT é a reciclagem da purina no interior das células parasitárias [44]. A via de recuperação recupera purinas (adenina e guanina) dos produtos de degradação do metabolismo dos nucleótidos e da hipoxantina e xantina [45]. Na *Leishmania,* três PRTases (fosforibosiltransferases) estão envolvidas na reciclagem de bases purínicas, a hipoxantina-guanina PRTase (EC 2.4.2.8) [46], a adenina PRTase (EC 2.4.2.7) e a xantina PRTase (EC 2.4.2.22), todas elas potenciais alvos para medicamentos. Destas três PRTases, uma enzima (EC 2.4.2.8) apresenta atividade com hipoxantina e guanina (Hyp-Gua

Phosphoribosyltransferase) [48]. Foi estabelecido por microscopia confocal e imunoelectrónica que a proteína HGPRT de *L. donovani* está localizada apenas no glicosoma [45, 49-51]. *A Leishmania* depende do sistema de resgate de purinas para usar bases purinas do hospedeiro mamífero porque não há enzima na *Leishmania* para a síntese do nucleotídeo purina. Os transportadores de nucleosídeos transportam esses metabólitos através da superfície celular do parasita[41].

1.5.4. Proteínas quinases

Entre os alvos dos medicamentos, as cinases dependentes de ciclina (CDK) são muito importantes para a divisão celular na *Leishmania*. Foi relatado que duas CDKs em *L. mexicana, LmexCRK1* e *LmexCRK3*[41,52], são consideradas cruciais para a forma promastigota. Também foi referido que a CRK3 está ativa durante todo o ciclo de vida da *L. mexicana*[53].

1.5.5. Proteinases

Existem várias enzimas de proteinase, tais como aspartato, cisteína, serina e metaloenzimas proteinase (quatro tipos), sendo as cisteína proteinases (CPs) as mais bem definidas destas enzimas nos protozoários parasitas. As cisteíno-proteinases têm potencial como alvos de medicamentos porque as CPs desempenham um papel muito importante nas interacções entre as células hospedeiras e os parasitas[41] e, a este respeito, são atualmente conhecidas 65 cisteíno-proteinases. Atualmente, são conhecidas duas proteinases do tipo catepsina L (CPA e CPB) e a CPC é uma proteinase do tipo catepsina B. Estas três proteinases estão fortemente envolvidas nas interacções entre o hospedeiro e o parasita na *Leishmania[54]*. Foram relatados alguns produtos naturais que mostram atividade inibidora contra a CPA (ICP) *(L. mexicana)* e a CPB[41].

1.5.6. Biossíntese de folatos

A via do folato tem uma longa história no domínio anti-infecioso e é importante para a descoberta de medicamentos, pelo que é utilizada como alvo de medicamentos para a *Leishmania* e no desenvolvimento de agentes anticancerígenos e antimaláricos. Uma vez que são importantes para o crescimento, enzimas como a timidilato sintase (TS) e a diidrofolato redutase (DHFR) estão envolvidas na sua biossíntese e têm uma relevância óbvia como alvos de medicamentos[41]. As duas enzimas estão também envolvidas na síntese da timina e do dTMP. Os inibidores da diidrofolato redutase[55] também são activos contra a *Leishmania*. Foi referido que apenas alguns compostos apresentaram atividade contra a DHFR-TS e a PTR1 (em *L. major*)*[56]*.

1.5.7. Alvo de regulação do ADN (Topoisomerase)

As topoisomerases I e II do ADN são de importância crucial para a transcrição, replicação, reparação e recombinação do ADN e, por conseguinte, representam alvos de medicamentos altamente valiosos para doenças antiparasitárias e bactericidas. A topoisomerase I do ADN foi caracterizada tanto no *T. cruzi* como no *L. donovani* e é independente do ATP[41, 57]. Da mesma forma, a topoisomerase I de *L. donovani* estava presente no núcleo e no cinetoplasto[58, 59]. A camptotecina[60], o estibogluconato de sódio e a ureia tibamina demonstraram ser inibidores da topoisomerase tipo I nestas espécies[61, 62].

1.6. Observações finais

Neste capítulo, discutimos resumidamente os locais-alvo importantes para a inibição da *Leishmania* e os fármacos em fase pré-clínica. Os actuais regimes de medicamentos são limitados e a procura de medicamentos alternativos e eficazes continua a ser enigmática. Além disso, o aumento do peso global da doença e as evidências de resistência aos fármacos e de factores de toxicidade colocam sérias preocupações quanto ao futuro da terapêutica da leishmaniose, salientando a necessidade de investigar novos alvos de fármacos/candidatos a vacinas. Por conseguinte, é fundamental dispor de técnicas analíticas baratas, rápidas e reprodutíveis para selecionar o maior número possível de novos compostos candidatos ao tratamento da leishmaniose. O próximo capítulo aborda o papel do ferro na infeção por *Leishmania* e os sinais e/ou transportadores dependentes do ferro são essenciais para o desenvolvimento dos estádios do parasita que causam a doença nos seres humanos, identificando assim novos potenciais alvos de medicamentos.

Capítulo 2
LeisHmania e aquisição de ferro: uma atualização
2. Introdução

A nível mundial, a morbilidade e a mortalidade são frequentemente causadas por infecções parasitárias. As infecções parasitárias causadas por tripanosomatídeos patogénicos abrangem um vasto espetro de doenças, incluindo a leishmaniose causada por *Leishmania* spp. A leishmaniose descreve um grupo diversificado de doenças tropicais negligenciadas, frequentemente relacionadas com a pobreza, que vão desde lesões cutâneas confinadas a infecções viscerais fatais. De acordo com a Organização Mundial de Saúde, mais de 20000 pessoas morrem anualmente de leishmaniose visceral e mais de 310 milhões de pessoas estão em risco de infeção [1].

A Leishmania é um parasita protozoário unicelular, cinetoplastídeo e dimórfico que alterna entre a forma promastigota móvel no vetor do mosquito da areia e a forma amastigota não móvel que reside no interior de sistemas vacuolares de fagossomas-lisossomas ligados a membranas, denominados vacúolos parasitóforos (VP) de macrófagos de mamíferos infectados. No interior do PV, as amastigotas replicam-se lentamente e aparentemente mantêm a integridade estrutural do vacúolo. Embora diversas células hospedeiras (por exemplo, neutrófilos, dendríticas) possam ser infectadas por *Leishmania*, a replicação e a sobrevivência do parasita só foram documentadas em fagócitos mononucleares [2]. Geralmente, os micróbios são destruídos no ambiente agressivo dos fagócitos, mas os parasitas intracelulares, como a *Leishmania*, desenvolveram mecanismos de adaptação que lhes permitem sobreviver nestas condições. A aquisição de nutrientes essenciais das células hospedeiras é uma das adaptações evolutivas importantes adquiridas pelos parasitas e o ferro é um elemento subsistente necessário para o seu crescimento e sobrevivência, incluindo *a Leishmania* spp. [3]. Curiosamente, a espiroqueta bacteriana *Borrelia burgdorferi,* o agente causador da doença de Lyme, é uma exceção entre os agentes patogénicos porque contornou a dependência do ferro para a sua sobrevivência e multiplicação, substituindo as metaloproteínas por manganês ou zinco em vez de ferro [4, 5]. A utilidade do ferro reside na capacidade de potencial redox do interrutor Fe^{2+} / Fe^{3+} que é utilizado nos sistemas biológicos através da sua incorporação nas proteínas para conferir estabilidade e potencial catalítico, por exemplo, cofactores de aglomerados Fe-S, deteção e transporte de oxigénio, metabolismo energético.

O ferro ferroso pode ser transportado através das membranas e é a forma biologicamente ativa do ferro. No entanto, o potencial redox do ferro ferroso também gera toxicidade celular. Assim, o ferro ferroso é armazenado como complexo com proteínas ou é oxidado para a forma férrica, menos tóxica. A incorporação de ferro nas proteínas do heme e do cluster ferro-enxofre desempenha um papel vital numa variedade de funções biológicas metabólicas, mas uma alteração da homeostase/metabolismo do ferro no hospedeiro conduz a muitas condições fisiopatológicas, como a hemocromatose, a anemia, etc. [6]. [6]. Do ponto de vista do parasita, este tem de lidar com as espécies reactivas de oxigénio (ERO) ou espécies reactivas de azoto (ERN) deletérias geradas no interior dos macrófagos. Neste caso, as ERO/RNS podem ser geradas como função primária do sistema enzimático específico dos macrófagos (por exemplo, NADPH oxidases), como subproduto da atividade da cadeia de transporte de electrões do parasita, ou pela química de Fenton, que envolve a oxidação catalisada pelo ferro do peróxido de hidrogénio (Fe $+H$ $O^{2+}{}_{22}{}^{3}$ $^{\wedge}Fe^{+}+^{\cdot}OH+^{-}$ OH), produzindo hidroxilo solúvel (HO$^{\cdot}$) como um dos radicais livres mais reactivos, capaz de reagir com uma vasta gama de constituintes celulares. O óxido nítrico (NO$^{\cdot}$) é um mensageiro secundário intracelular que regula várias funções fisiológicas. Pode reagir com o anião superóxido (O$_2{}^{\cdot-}$) através de um mecanismo independente de enzimas para formar peroxinitrito (ONOO^{-}), que reage com a maioria das moléculas biológicas, incluindo os aglomerados Fe-S, causando frequentemente danos reversíveis/irreversíveis. Assim, os níveis de ferro celular devem ser delicadamente regulados pelos parasitas *da Leishmania* porque, para além de ser um precursor integral dos aglomerados Fe-S e das enzimas dependentes do Fe, o ferro é também um amplificador das ERO. Os mamíferos aperfeiçoaram os seus sistemas de defesa durante o processo evolutivo, de modo a sequestrar o ferro para longe do acesso dos agentes patogénicos. Isto é feito pelos sistemas imunitários inatos que induzem a expressão da hormona hepcidina sob o efeito da IL-6 ou IL-22 para limitar a biodisponibilidade do ferro [7, 8]. Os fagócitos mononucleares do hospedeiro e os grânulos terciários dos neutrófilos são quelantes biológicos especializados de ferro e também fornecem defesa contra micróbios. Para sobreviver e replicar-se no interior do PV hostil e limitador de ferro dos macrófagos, os parasitas *da Leishmania* estão equipados com diversos mecanismos de aquisição de ferro [9] e são capazes de utilizar várias fontes de ferro no PV, tais como ferro inorgânico ou heme, uma porfirina que contém ferro, sugerindo que a aquisição de ferro é essencial para a patogenicidade e também um campo de batalha fundamental para a sobrevivência de agentes patogénicos intracelulares.

Este capítulo resume as evidências de que o ferro é um metal de transição fundamental para as interacções entre o hospedeiro e o agente patogénico no cruzamento da patogenicidade do macrófago e do parasita, descrevendo os mecanismos de aquisição e participação do ferro no parasita no ambiente intracelular.

2.1 A biologia do hospedeiro utiliza um sistema IRP-TfR-Fpn1 para manter a homeostasia do ferro

Comentamos brevemente o mecanismo e os componentes que controlam a homeostase do ferro no hospedeiro humano. A absorção de ferro ocorre através das células absorventes do duodeno proximal (enterócitos) e depende da sua disponibilidade e utilização. Para transportar o ferro da dieta (férrico) através do epitélio duodenal, este é reduzido à forma ferrosa por redutases férricas presentes no epitélio da borda em escova apical dos enterócitos. O ferro ferroso reduzido é posteriormente transportado pelo transportador de iões metálicos divalentes DMT1 (também conhecido como Slc11a2 e Nramp2) [10], uma proteína de membrana integral que pode transportar a forma ferrosa do ferro num microambiente ácido. Depois de entrar nos enterócitos, o ferro ferroso pode ser utilizado para processos celulares ou pode ser armazenado sob a forma de ferritina ou extrudido para fora da célula através do transportador de membrana basolateral, a ferroportina (Fpn1, exportador de ferro celular), o único exportador putativo de ferro identificado [11-13] (Fig. 1). A Fpn1 não é específica das células intestinais, mas está presente em todos os tipos de células que dependem da exportação de ferro para a sua função principal, como os macrófagos e as células placentárias. A maior parte do ferro libertado no plasma liga-se à transferrina (Tf), a proteína glicosilada de ligação ao Fe^{3+} presente no plasma sanguíneo e noutros fluidos corporais, que transporta o ferro para as células receptoras. As células alvo recebem o ferro ligado à transferrina *através da* endocitose mediada pelo recetor específico da transferrina (TfR1). A acidificação endossómica precoce promove a libertação do ferro e a apotransferrina (Apo-Tf) é então libertada de volta para a circulação. A TfR1 é reciclada de volta para a membrana. O ferro férrico libertado da transferrina é essencialmente insolúvel a pH fisiológico. Assim, é reduzido no endossoma pela ferriredutase (STEAP3) e subsequentemente transportado para o citoplasma pela DMT1. Dependendo das necessidades celulares, o ferro pode ser utilizado na biossíntese do heme, uma molécula de tetrapirrol ou armazenado na ferritina [14]. A ferritina sequestra o ferro do pool de ferro lábil (LIP) convertendo enzimaticamente o Fe^{2+} solúvel em Fe insolúvel^{3+} à medida que o ferro é embalado no seu núcleo, conseguindo assim a desintoxicação e o armazenamento do ferro ao fixá-lo na forma de ferrihidrite menos reactiva [15]. Por outro lado, a exportação de ferro celular depende da família de ferroxidases que contêm cobre [16], como a ceruloplasmina, a hefestina e a zyklopen, e é provável que estas proteínas desempenhem um papel na facilitação do efluxo de Fe mediado pela Fpn1^{2+}, oxidando o Fe^{2+} para a forma Fe^{3+}, que se liga à Apo-transferrina que circula no plasma. Assim, a Apo-transferrina ajuda a manter uma baixa concentração de Fe^{2+} à superfície da célula e um gradiente favorável de Fe^{2+} em direção à face extracelular da Fpn1, que pode conduzir à exportação de ferro.

A maior parte do ferro no ser humano está presente nos eritrócitos, complexado nas porções heme da hemoglobina. A hemoglobina é meticulosamente reciclada dos eritrócitos senescentes pelas células de Kupffer, os macrófagos retículo-endoteliais [17], e é posteriormente degradada pela heme oxigenase-1 (HO-1) para libertar ferro livre, quer para armazenamento (pool de ferritina) quer para exportação para o plasma sanguíneo (transferrina) (Fig. 1). Após o aumento do nível de ferro intracelular, a ferritina citoplasmática sequestra o ferro, enquanto a absorção da transferrina é reduzida. Além disso, as proteínas reguladoras do ferro (IRP1 e IRP2) controlam o nível de ferro ligando-se aos elementos de resposta ao ferro (IREs) em condições de depleção de ferro, aumentando a estabilidade do ARNm das proteínas associadas à captação de ferro e regulando em baixa a tradução de vários alvos associados ao sequestro ou armazenamento de ferro, como a ferritina. Assim, dependendo dos níveis de ferro, as IRPs exercem regulação pós-transcricional de ambas as formas, como potenciador da tradução e inibidor de TfR1, ferroportina, HIF2a e ferritina [18]. Além disso, a internalização e a degradação da Fpn1 são desencadeadas pela hepcidina, a hormona peptídica produzida principalmente pelos hepatócitos sob a influência do aumento do ferro corporal [19]. Isto acaba por diminuir a exportação de ferro mediada pela Fpn1 do sistema retículo-endotelial. Assim, o fluxo de ferro para o plasma e o fornecimento de ferro aos tecidos que consomem ferro são efetivamente controlados pela interação hepcidina-Fpn1. Por último, a expressão da hepcidina é também regulada a nível transcricional por metais não ferrosos e é reprimida ou induzida em resposta a diversos estímulos [20]. Por exemplo, a resposta hipoferrémica à infeção é orquestrada pela hepcidina, que é libertada do fígado quando estimulada por citocinas pró-inflamatórias, ativação de TLR e resposta a proteínas desdobradas no retículo endoplasmático [21]. Em resposta a infecções, os neutrófilos e os macrófagos também sintetizam hepcidina e, assim, a disponibilidade de ferro é modulada [22]. Além disso, existem mecanismos independentes da hepcidina que medeiam a resposta hipoferrémica à infeção, tais como as citocinas interferão gama (IFN-y), fator de necrose tumoral alfa (TNF-a), interleucina-1 (IL-1) e interleucina-6 (IL-6), que melhoram as defesas de retenção do ferro através da modulação do metabolismo do ferro [23, 24] (Fig. 2A). Entre elas, as citocinas (IL-4, IL-10 e IL-13) são reguladoras positivas do TfR e o IFN-y é um regulador negativo (Fig. 2B). Discutimos mais detalhadamente o papel destas citocinas na homeostase do ferro na Secção 6.

2.2. *Leishmania* utiliza um transportador de iões ferrosos para ultrapassar a deficiência de ferro

Para a maioria das espécies de *Leishmania*, a aquisição de ferro tem sido pouco descrita. Atualmente, a atenção tem-se centrado na *L. amazonensis* e na *L. infantum*, nas quais alguns estudos elucidaram a forma como o ferro é adquirido e algumas ideias sobre o papel do ferro na sobrevivência e patogénese do parasita. Nos hospedeiros mamíferos, a *Leishmania* tem de adquirir ferro para sobreviver e a sua absorção depende de um sistema complexo que envolve vários factores identificados: receptores, redutases férricas e um transportador de catiões divalentes. Nos primeiros estudos, foram comunicadas proteínas TfR que actuavam como receptores de *Leishmania* para a transferrina [25, 26], mas mais tarde demonstrou-se que a ligação não era específica [25, 26], uma vez que a *Leishmania* que residia no PV do macrófago se encontrava num ambiente de pH baixo, onde o ferro se dissociava rapidamente da transferrina endocitose pelo hospedeiro, ficando assim disponível para a *Leishmania* sem uma via de captação de transferrina específica do parasita. Uma atividade de redutase férrica foi identificada pela primeira vez em *L. infantum* e converte o Fe insolúvel^{3+} na forma solúvel Fe^{2+}, derivando o eletrão do NADPH [26]. A presença de genes ortólogos de redutases férricas também foi relatada nos genomas de *L. major* e *L. braziliensis* [27]. Em *L. amazonensis, a* redutase férrica 1 (LFR1) está associada à membrana plasmática [28]. A LFR1 é uma proteína de membrana de 119 kDa com sítios putativos de ligação ao heme, juntamente com um domínio transmembranar e sítios de ligação ao FAD e ao NADPH. Além disso, a atividade da LFR na *L. amazonensis* intracelular também apontou para a provável existência de um transportador de ferro ferroso que foi identificado pela primeira vez na *L. amazonensis* e denominado LIT1 *(Leishmania* Iron Transporter 1) [29, 30] (Fig. 3A). O LIT1 pertence à família de proteínas ZIP e contém oito domínios transmembranares com sequências amino e carboxi-terminais localizadas no lado extracelular da membrana plasmática de amastigotas [31, 32]. Tem uma topologia de membrana semelhante à do transportador de ferro redutase 1 (IRT1) de *Arabidopsis,* incluindo uma região de ansa variável entre os domínios transmembranares III e IV [29]. Foi demonstrado que esta região é conservada entre os membros da família ZIP; além disso, a sequência HxHxH da proteína LIT1 foi proposta como domínio de ligação a metais [33, 34]. Em *L. major,* foram registadas duas isoformas idênticas de LIT1, LmjF31.3060 e LmjF31.3070 (LIT1-1 e LIT1-2), com 30% de identidade e 53,8% de semelhança com a IRT1 de *Arabidopsis.* Para a aquisição de ferro, as proteínas de membrana LFR1 e LIT1 desempenham um papel central na redução de Fe^{3+} para Fe^{2+} e no transporte de Fe^{2+} para prosperar no ambiente pobre em ferro dos fagolisossomas dos macrófagos [28-30]. A função do LIT1 foi determinada por estudos sobre mutantes LIT1 (LIT1$^{-/-}$) de *L. amazonensis*, onde também se demonstrou ser um fator de virulência. A estirpe mutante foi capaz de se desenvolver e diferenciar em cultura axénica; no entanto, apresentou uma capacidade reduzida de replicação dentro dos PVs do macrófago e induziu menos lesões cutâneas em ratos, enquanto que a patogenicidade foi restabelecida pela complementação do gene microssomal [35]. Como o LIT1 foi considerado dispensável para o desenvolvimento e diferenciação de *L. amazonensis* em condições de cultura axénica, isso sugere a existência de mecanismos facultativos para a aquisição de ferro pelas formas extracelulares do parasita [36]. Assim, outros transportadores de ferro *de Leishmania* ainda não caracterizados podem estar presentes. A depleção de ferro do meio de cultura induz a expressão de LIT1, seguida de um aumento do teor de ferro, paragem do crescimento e diferenciação do parasita [35]. Do mesmo modo, foi encontrado um teor reduzido de ferro intracelular em promastigotas mutantes LIT1-null que mostraram um crescimento sustentado em meios deficientes em ferro, mas não conseguiram diferenciar-se e acabaram por morrer [35].

Em meios com depleção de ferro, verificou-se também que vários transcritos específicos de amastigotas eram regulados positivamente, como a proteína mitocondrial Ldp27, que é abundantemente expressa em amastigotas e está envolvida na diferenciação de *Leishmania* de promastigota para amastigota [37]. No entanto, o nível de transcrição de Ldp27 não apresentou alterações significativas nos mutantes LIT1 [35]. Curiosamente, a regulação positiva de LIT1 foi acompanhada por um aumento da atividade da superóxido dismutase do ferro (FeSOD) em parasitas WT mas não em parasitas LIT1-null [35]. Além disso, os agentes indutores de ROS, H2O2 e menadiona, demonstraram ser suficientes para atingir a diferenciação de promastigotas WT em amastigotas totalmente infecciosos, enquanto os promastigotas LIT1-null iniciaram a diferenciação amastigota após exposição apenas a H2O2. Assim, regulado pela disponibilidade de ferro, foi demonstrado um novo papel para FeSOD e ROS na diferenciação de amastigotas de *Leishmania* [35]. Isto implica que outros componentes da aquisição de ferro e da maquinaria reguladora podem também desempenhar um papel fundamental na virulência e patogenicidade da *Leishmania*. No entanto, ainda não foi demonstrado se uma maquinaria semelhante está a funcionar noutras espécies de *Leishmania* geográfica e clinicamente diferentes (embora esta pareça ser uma suposição razoável a fazer nesta altura). Para além disso, o mecanismo regulador do ferro na *Leishmania* é ainda desconhecido e são necessárias investigações pertinentes para uma visão clara e potenciais aplicações terapêuticas, especialmente no caso da *L. donovani*, porque aqui a anemia é a manifestação hematológica mais proeminente observada nos casos clínicos de leishmaniose visceral.

O heme é também uma fonte de ferro para a sobrevivência e o crescimento dos parasitas. No entanto, os tripanossomatídeos carecem de várias enzimas-chave da via biossintética do heme [38, 39] e a sua cultura *in vitro* requer a adição de uma fonte de heme. O heme é um componente dos citocromos dos *tipos b* e *c* da cadeia respiratória mitocondrial e um cofator essencial para as hemoproteínas envolvidas na biossíntese de ácidos gordos polinsaturados e esteróis [40]. Foi relatado anteriormente que os promastigotas de *L. donovani* podem internalizar a hemoglobina (Hb) através de uma proteína de ligação à hemoglobina localizada na superfície [36] e a proteína Rab7, presente tanto nos endossomas iniciais como tardios, está envolvida na captura de Hb. A superexpressão da Rab7 de *Leishmania* induziu o transporte de Hb para os lisossomas, onde foi rapidamente degradada. No entanto, nos mutantes Rab7, este transporte e degradação de Hb foi diminuído até 50% em comparação com as células de tipo selvagem. Quando a hemina exógena foi adicionada aos mutantes Rab7, estes apresentaram um crescimento ótimo, o que sugere que o heme intracelular gerado a partir da Hb foi utilizado para o crescimento do parasita [41]. Recentemente, a absorção de heme também foi registada na fase amastigota de *L. infantum* e provou ser uma fonte de ferro [42]. Foi demonstrado que uma proteína de superfície com quatro domínios transmembranares, *Leishmania* Heme Response 1 (LHR1), promove diretamente a captação de heme e, quando as formas promastigotas foram cultivadas na ausência de heme, observou-se um aumento das transcrições de LHR1. Além disso, a deleção de um alelo de LHR1 reduziu significativamente os reservatórios intracelulares de heme, o que sugere que LHR1 desempenha um papel crucial na captação de heme [29]. Várias tentativas de obter a segunda deleção do alelo LHR1 não conseguiram obter parasitas viáveis, sugerindo que o LHR1 é crucial para a sobrevivência dos parasitas *de Leishmania* [29]. Descobriu-se que a deleção única de LHR1 em *L. amazonensis* é defeituosa na replicação intracelular em macrófagos e na capacidade de infetar e proliferar em macrófagos derivados da medula óssea (BMM), enquanto os amastigotas sobreviveram e proliferaram no BMM. A cepa LHR1/Alhr1 complementada com LHR1 restaurou parcialmente a capacidade dos parasitas de se replicar e sobreviver em BMM, confirmando que LHR1 é necessário para a virulência do parasita em macrófagos e infecções de camundongos [43]. Recentemente, estudos com *L. amazonensis* identificaram resíduos de tirosina transmembrana únicos que são críticos para a função de LHR1, e verificou-se que a mutação nestes resíduos de tirosina modula a eficiência do transporte de heme através da membrana, bem como a virulência do parasita. Embora a LHR1 seja uma proteína bem conservada na família dos tripanossomatídeos, estes resíduos críticos estão ausentes no transportador de heme humano, encorajando assim a sua utilização como alvo seletivo contra a leishmaniose e outras doenças parasitárias [43]. Além disso, um meio-transportador ABC mitocondrial LmABCB3 foi identificado em *L. major* e é essencial para a virulência do parasita [44]. A sua sequência apresenta uma semelhança significativa com os semi-transportadores ABC mitocondriais humanos, ABCB6 e ABCB7. Foi referido que o LmABCB3 interage com porfirinas e é necessário para a biossíntese de heme nas mitocôndrias a partir de um precursor do hospedeiro, bem como para a maturação de proteínas citosólicas de ferro-enxofre [44]. Em resumo, a LHR1 parece ser um alvo promissor, mas, antes de conceber inibidores contra a LHR1, talvez seja necessário explorar mais pormenorizadamente algumas questões sobre os fluxos de ferro e o mecanismo de transporte de heme da *Leishmania*. Ainda não se sabe se o LHR1 é um monómero ou um oligómero e como é que a oligomerização afecta o processo de transporte do heme? Foi referido que a absorção de heme em epimastigotas de *T. cruzi* é inibida por análogos de heme e que estes análogos inibem o transporte de heme pelos transportadores ABC, o que sugere que a absorção de heme em *T. cruzi* pode ser dependente de ATP [45]. No entanto, ainda não se sabe se o processo de transporte de heme por LHR1 é dependente ou independente de ATP. Um estudo semelhante do transportador humano HRG1 mostrou que este interage com a ATPase vacuolar do tipo V, reforçando mais uma vez o envolvimento do ATP [46].

2.3. A regulação redox mediada pelo ferro é um fator-chave para a diferenciação de *Leishmania*

O ferro tem múltiplas funções no metabolismo celular da *Leishmania*. Por exemplo, o ferro é necessário como cofator para a atividade antioxidante das Fe-SODs e como precursor para a biossíntese de aglomerados de cofactores Fe-S no parasita. A SOD foi originalmente identificada em *L. chagasi* [47] e aceita-se que existem três genes SOD, SODA e SODB1 e SODB2, cada um dos quais possui sequências conservadas em SODs dependentes de Fe [4750]. A importância da SOD para a *Leishmania* reside no seu papel de tampão para os intermediários reactivos de oxigénio libertados durante a explosão respiratória; esta metalo-enzima converte o radical superóxido (O_2 ') em radicais não radicais $H\,O_{22}$ e $H_2\,O$ [51]. A sobreexpressão de SODA e SODB em *L. tropica* protege os parasitas dos radicais livres produzidos por nitroprussiato e paraquat [47].

No parasita, a homeostase das ROS é influenciada pelo ferro disponível. Em contraste com os eucariotas superiores, onde as SODs citosólicas e mitocondriais utilizam diferentes cofactores metálicos, todas as SODs *de Leishmania* (FeSODA e FeSODB1/B2) requerem ferro como cofator [52]. A FeSODA corresponde à isoforma mitocondrial [50], enquanto a FeSODB1/B2 está localizada nos glicosomas em *L. chagasi* [48]. Notavelmente, a FeSODB é essencial para a sobrevivência das promastigotas, como sugerido por várias tentativas falhadas de gerar mutantes nulos [48, 53]. A evolução das SODs para proteger o parasita contra o anião superóxido teve origem em alterações súbitas no metabolismo e/ou no ambiente do nicho do parasita durante o seu ciclo de vida digenético. O impacto desta adaptação evolutiva para a obtenção de atributos patogénicos reflecte-se no papel bem descrito da FeSOD como fator de virulência e sobrevivência para *L. donovani, L. tropica* e *L. chagasi* [48, 53]. De facto, um estudo recente que implica o papel dos fluxos de ferro e das ROS na regulação da diferenciação da *Leishmania* também sublinha o papel importante da Fe-SOD neste processo [35]. No entanto, as condições de stress num ambiente de baixo teor de ferro podem potencialmente alterar o equilíbrio redox do parasita e, por sua vez, danificar os aglomerados Fe-S, o que pode levar a uma maior produção de ERO, propagando ainda mais a perturbação dos aglomerados Fe-S. Para restabelecer a homeostase, é necessária a SOD, que depende da disponibilidade de ferro. O ferro libertado para o meio pelos agregados Fe-S danificados pode ser utilizado pelas SOD para extinguir as ERO e pôr termo ao ciclo vicioso de produção de ERO e de danos nos agregados. A maquinaria de aglomerados Fe-S pode então sentir a necessidade de ferro para a síntese de *novo* de aglomerados Fe-S e sinalizar a maquinaria de aquisição de ferro para uma maior absorção de ferro, podendo seguir-se a regulação positiva selectiva de LIT1 na diferenciação ou em condições de stress, culminando no aumento do teor de ferro. O H2O2 libertado pelas SODs pode servir como uma importante molécula de sinalização e regulação neste processo, como sugerido [54]. Por outro lado, as condições de stress ou de depleção de ferro não são normalmente encontradas nas fases de promastigota/farelo de sangue devido ao elevado teor de ferro e hemoglobina no sangue do hospedeiro alimentado pelas moscas da areia e à sua disponibilidade direta para as promastigotas que residem no intestino da mosca da areia. Assim, a expressão de LIT1 não é necessária nem sinalizada durante a fase promastigota. A imitação destas condições de stress em condições de cultura *in vitro* provoca a resposta acima referida, ou seja, a regulação positiva de LIT1 e a ingestão de ferro, em parasitas WT [35], provavelmente mediada por aglomerados Fe-S. A depleção de ferro do meio de cultura resultará numa diminuição do nível de ferro intracelular e, por conseguinte, numa biossíntese de aglomerados Fe-S prejudicada. Isto conduziria a um funcionamento ineficiente da cadeia de transporte de electrões e à fuga de electrões, que, na presença de oxigénio, pode gerar aniões superóxido. Em resposta a estas condições, o parasita induz a expressão de LIT1 e LFR1, resultando num aumento do teor de ferro com ativação da Fe-SOD, que converte iões superóxido em peróxido de hidrogénio e, por sua vez, inicia a diferenciação dos parasitas [35]. Neste contexto, referimos recentemente que os aglomerados/proteínas Fe-S podem atuar como sensores de ROS; os seus danos levam à regulação positiva da cisteína dessulfurase de *L. donovani*, LdIscS, para reparação ou síntese de *novo* de aglomerados Fe-S danificados por ROS. Isto sugere um novo mecanismo para proteger os agregados Fe-S das ERO encontradas durante a infeção de macrófagos/outras condições de stress oxidativo [55]. Isto sugere novamente um papel para as ROS, direta ou indiretamente, numa via de sinalização *da Leishmania*, e fornece mais provas de uma ligação entre a sinalização redox e o sistema de biogénese do aglomerado de ferro-enxofre (ISC) do parasita durante o desenvolvimento da infeção. No entanto, o papel potencial dos aglomerados Fe-S e/ou da maquinaria ISC na regulação do ferro ainda está por demonstrar em *Leishmania* spp. Investigações preliminares do nosso laboratório sugerem uma ligação entre os componentes do ISC e os fluxos de ferro em *L. donovani* (Singh, K.P. et al., não publicado).

O ferro é necessário para a biogénese de aglomerados Fe-S nas mitocôndrias de *Leishmania* spp. e é crucial para a sobrevivência do parasita. Mas a forma como o ferro é potencialmente armazenado nas mitocôndrias do parasita é um assunto interessante de investigação futura, porque a pesquisa na base de dados do genoma de *Leishmania* mostra a ausência de ferritina homóloga, a proteína de armazenamento de ferro dentro das mitocôndrias. Anteriormente, tínhamos caracterizado uma proteína semelhante à frataxina com afinidade de ligação ao ferro e localizada nas mitocôndrias de *L. donovani*, que pode ser uma fonte potencial de ferro para a biogénese dos aglomerados Fe-S [56]. Recentemente, um transportador de ferro mitocondrial, LMIT1, foi identificado em *L. amazonensis*, que é homólogo aos genes importadores de ferro mrs3 de levedura e mitoferrina-1 de humano e conservado em todos os tripanossomatídeos, sugerindo um mecanismo comum conservado de importação de ferro em tripanossomatídeos [57]. Verificou-se que LMIT1 é essencial para a replicação, sobrevivência e patogénese de amastigotas em condições *ex vivo* e *in vivo*. As amastigotas axenicamente diferenciadas apresentaram fortes defeitos na morfologia mitocondrial e na atividade da Fe-SOD. Assim, o papel do ferro mediado pela mitocôndria e da homeostase redox na diferenciação de amastigotas é evidente neste estudo sobre LMIT1. Será relevante investigar o impacto da deleção de LMIT1 e LIT1 no metabolismo do carbono em parasitas mutantes de deleção, a fim de verificar se existe uma ligação entre a deteção de Fe e a reprogramação do metabolismo do carbono *em* amastigotas de *Leishmania*. O nicho deficiente em ferro dos amastigotas nos fagolisossomas dos macrófagos infectados inicia a "resposta rigorosa" nos amastigotas, que se caracteriza pela reprogramação do seu metabolismo central do carbono, incluindo uma redução da absorção de aminoácidos, redução dos processos de poupança de glucose, aumento da eficiência do metabolismo mitocondrial e redução global dos processos de consumo de energia [58]. Por outro lado, a maquinaria de aquisição de ferro de amastigotas mediada por LIT1 também está ativa durante esta fase [35]. Assim, ainda não se sabe se a aquisição de ferro faz parte da "resposta rigorosa" das amastigotas e qual é o ponto de controlo preciso de ligação/regulação destas duas vias diferentes.

Outra enzima que contém heme nos parasitas de *Leishmania* é a Ascorbato peroxidase caracterizada em *L. major* (LmAPX), que é capaz de desintoxicar o peróxido de hidrogénio. Para além da desintoxicação de H2O2, a APX também previne a oxidação da cardiolipina. A sua expressão é regulada positivamente após o tratamento com H2O2 exógeno a 37 °C [59]. Foi demonstrado que a APX regula o stress oxidativo, controlando assim a virulência da fase promastigota [59- 60]. A deleção da APX em *L. major* leva a uma concentração mais elevada de H2O2 intracelular, tornando os parasitas mais suscetíveis a peróxidos, o que significa a importância da APX na proteção celular contra o estresse oxidativo em parasitas [60] Curiosamente, os parasitas mutantes nulos exibem hipervirulência durante a infeção de macrófagos *in vitro,* bem como após a inoculação de camundongos BALB/c. Em nítido contraste, as células que superexpressam a ascorbato peroxidase são avirulentas [60]. A presença de APX em *L. donovani* (LdAPX) também foi registada [61]. Neste caso, a LdAPX sobreexpressa é capaz de proteger as promastigotas resistentes à anfotericina B da apoptose mediada pelo stress oxidativo [61], prevenindo as alterações do potencial mitocondrial de *L. donovani* mediadas pela Amp B [61]. No quadro 2, é apresentada a lista de proteínas envolvidas na interação *hospedeiro-Leishmania* no contexto do ferro.

Para além do papel bem estabelecido do metabolismo redox na resistência aos medicamentos, o ferro também tem sido associado à resistência aos medicamentos em *Leishmania*. Propôs-se que o gene de resistência a múltiplos fármacos1 (LeMDR1) de *L. enriettii*, que medeia a resistência à vinblastina, como demonstrado por estudos de transfecção e de nocaute (KO), estivesse envolvido na resistência aos fármacos, sequestrando-os em vez de os segregar ativamente para fora da célula. Quando se compararam as linhas celulares que exprimem em excesso o gene LeMDR1 com o tipo selvagem e com mutantes duplos para este gene (LeMDR1$^{-/-}$), verificou-se que o número de cópias do gene estava associado a um nível mais elevado de ferro intracelular, à sensibilidade a antibióticos dependentes do ferro, como a estreptonigrina, e a um aumento da atividade da aconitase. Este estudo também sugeriu que a função normal do gene LeMDR1 está relacionada com a homeostase do ferro mitocondrial, tal como confirmado pela utilização de fármacos específicos, como a vinblastina para o citosol, a rodamina 123 e a pentamidina para as mitocôndrias. Mostraram que a resistência à vinblastina nas células V160 aumentava com o aumento da concentração de ferro, enquanto a resistência à rodamina 123 e à pentamidina aumentava com a depleção de ferro [62]. Também foi referido um teor de ferro mais elevado e a atividade das proteínas Fe-S em isolados clínicos resistentes à anfotericina B em comparação com estirpes sensíveis de *L. donovani* [55, 56].

No entanto, apenas alguns estudos anteriores [55, 56] sobre este aspeto nos impedem de chegar a uma conclusão sobre o papel do ferro na resistência aos medicamentos em *Leishmania*.

2.4. Imunomodulação mediada pelo ferro durante a infeção por *Leishmania*

Está bem estabelecido que as alterações na disponibilidade de ferro têm uma forte influência no crescimento e virulência dos agentes patogénicos e que a privação de ferro por vários meios é uma componente importante da defesa de primeira linha contra a infeção [63, 64]. Os macrófagos são fundamentais para a regulação do metabolismo do ferro nos mamíferos: estas células estão envolvidas na reciclagem do ferro derivado do heme e no seu armazenamento. No entanto, durante a infeção, os macrófagos sofrem adaptações fisiológicas distintas devido a sinais fornecidos pelo sistema imunitário. Uma resposta imunitária para limitar a proliferação do parasita consiste em reduzir a concentração de ferro biodisponível, o que é induzido pela regulação positiva da ferritina e pela redução da saturação da ferro-transferrina [65]. O ião ferroso é transportado para o interior das células através de DMT1, Nramp2 (homólogo, SLC11A2), ferroportina (homólogo, SLC40A1) e lipocalinas, que representam uma linha inicial de defesa contra os agentes patogénicos invasores. Além disso, o acesso dos agentes patogénicos ao ferro nos fagócitos também pode ser limitado por uma diminuição da expressão dos receptores de transferrina e um aumento da expressão de Nramp1 (proteína 1 de macrófago associada à resistência natural, homóloga de SLC11A1), a proteína transportadora de ferro intracelular expressa na membrana fagolisossomal [66]. As mutações no Nramp1 têm sido associadas à suscetibilidade à infeção por parasitas intracelulares *(L. donovani, Salmonella* e *Mycobacterium)* [67] porque o Nramp1 restringe o crescimento de agentes patogénicos dentro dos fagossomas transportando ferro e manganês para fora do compartimento fagossomal [68-71]. No entanto, além do efluxo de ferro, Nramp1 facilita a entrega de ferro em lisossomos e endossomos tardios [72] e a distribuição de ferro mediada por Nramp1 também pode influenciar as funções dos macrófagos, como a produção de citocinas inflamatórias, ROS e RNS [67]. Assim, o Nramp1 parece ser o potencial candidato responsável pela coordenação de estratégias de privação de ferro com processos imuno-moduladores anti-inflamatórios durante a infeção.

Dependendo das pistas ambientais, os macrófagos diferenciam-se em macrófagos clássicos (macrófagos M1) e macrófagos alternativos (macrófagos M2) com base em fenótipos funcionais [73]. A nomenclatura M1 e M2 deriva de diferentes células do tipo Th que produzem citocinas e dos fenótipos associados aos macrófagos, por exemplo, o manuseamento do ferro modulado pelo IFN-y juntamente com moléculas microbianas que actuam como ligandos de receptores, como o recetor Toll-like. Contudo, em certos tipos de infeção, sob a influência das citocinas IL-4 e IL-13, inicia-se uma forte resposta Th2 polarizada e os macrófagos comportam-se como células do tipo 2 (M2). Contra os agentes patogénicos intracelulares, os macrófagos M1 são a primeira linha de defesa e promovem a produção de IL-12 que polariza os linfócitos Th1 de CD4+. As consequências a nível sistémico são distintas, uma vez que os macrófagos M1 promovem o sequestro de ferro, reprimindo Fpn1 e CD163 (um recetor de hemoglobina) e induzindo a ferritina, reduzindo assim o pool de ferro lábil (LIP) e conduzindo a uma diminuição sistémica da disponibilidade de ferro [74]. Em contrapartida, os macrófagos M2 aumentam a expressão de Fpn1 e diminuem a expressão de ferritina, promovendo assim a exportação de ferro, reduzindo o armazenamento de ferro e aumentando a libertação de ferro, o que conduz aos efeitos sistémicos opostos [74]. Assim, poderíamos ser tentados a sugerir que os macrófagos M2 parecem ser um nicho adequado para a persistência a longo prazo de numerosos agentes patogénicos intracelulares. Contudo, devido ao nível elevado de IL-10 e IL-4, a atividade leishmanicida dos macrófagos é prejudicial em modelos susceptíveis. Recentemente, foi referido que a ativação dos receptores activados por proliferadores de peroxissoma (PPAR), principalmente a isoforma gama do PPAR, polariza os macrófagos M1 com um consequente aumento da atividade microbicida contra a *L. mexicana* [75], sugerindo que os macrófagos podem alterar a sua atividade microbicida sob a influência de citocinas, dependendo da disponibilidade de ferro.

2.5. Estratégias de aquisição de ferro de *Leishmania* no hospedeiro

Para a proliferação, virulência e persistência no hospedeiro mamífero, *a Leishmania* desenvolveu várias estratégias para contrariar o mecanismo de defesa do hospedeiro, tais como a fusão de vários PV em vacúolos principais e/ou a sua fusão com endolisossomas. Foi relatado anteriormente que, no décimo dia de infeção em ratinhos balb/c, o PV se encontra associado a endossomas precoces e reciclados com complexo Tf-TfR de mamíferos [76]. Assim, é possível que o tempo de infeção aumente o transporte endossómico de Tf para o PV e depois seja endocitado por amastigotas intracelulares [77]. No entanto, pode haver diferentes mecanismos de obtenção de ferro, dependendo da espécie de *Leishmania*, porque em *L. mexicana,* a transferrina não estava presente no PV de macrófagos infectados, sugerindo assim a presença de uma fonte alternativa de ferro para a sobrevivência de amastigotas. Pelo contrário, também foi referido que a reciclagem e a regulação do recetor da transferrina nos macrófagos são afectadas pela infeção por *Leishmania* [76], resultando no transporte da transferrina para os PV. Em *L. amazonensis* ou *L. pifanoi, verificou-se* que os amastigotas nos PVs estavam associados a proteínas específicas de cada vacúolo, forçando a fusão do endossoma contendo transferrina com o PV e, consequentemente, obtendo acesso à transferrina. Esta transferrina foi compartimentada nos endossomas tardios do PV, mas não foi reciclada, o que sugere que a transferrina melhora a infeção nos macrófagos [77, 78]. No entanto, os complexos Tf-TfR1 reciclam-se na via endossómica inicial, ao passo que um PV é formado na via endossómica pós-tardia [79]. Assim, poderá haver uma alteração na interação hospedeiro-parasita, incluindo talvez também a estrutura do citoesqueleto do hospedeiro, o que poderá permitir que a transferrina chegue ao PV. Outra estratégia para obter ferro no interior do PV a partir do complexo Tf-TfR1 é que a transferrina permanece ligada ao recetor enquanto perde a sua afinidade pelo Fe, semelhante ao endossoma, e a libertação de ferro pode ser facilitada através da degradação da transferrina por cisteína proteases segregadas por amastigotas vivos ou libertadas pela lise de parasitas moribundos [77]. O ferro liberado pode ser reduzido por redutases secretadas ou associadas ao parasita e transportado pelo LIT1 [80], permitindo que o ferro seja internalizado pelos parasitas [30]. Assim, o LIT1 pode fornecer ferro suficiente para o crescimento intracelular e a virulência dos parasitas *de Leishmania.*

Em alternativa, *a L. donovani* pode eliminar diretamente o ferro do LIP dos macrófagos, aumentando a expressão de TfR1 do hospedeiro, o que aumenta a captação de ferro e a internalização da transferrina, mantendo assim uma reserva de ferro suficiente para o crescimento e a sobrevivência da *L. donovani* [81]. Foi recentemente referido que a regulação negativa da expressão de SLC11A1 pela peroxidase segregada por *L. donovani* conduz à diminuição da LIP dos macrófagos activados [82]. Certamente, o uso de LIP como fonte de ferro citoplasmático livre por *Leishmania* ou outros parasitas intracelulares pode oferecer várias vantagens em relação a outras reservas intracelulares, como a ferritina [83]. A depleção de LIP ativa IRP1 e IRP2 para se ligarem a elementos responsivos ao ferro (IRE) que, por sua vez, regulam positivamente a expressão de TfR1 e aumentam a captação de ferro pelas células infectadas. O IRE-IRP ativado pode também parar a tradução da ferritina como estratégia de defesa para explorar o aumento do ferro intracelular para o crescimento [81]. Além disso, os ratinhos infectados com *L. donovani* e *L. amazonensis* têm uma baixa expressão de Fpn1 nos macrófagos [12, 84], o que pode contribuir para uma maior acumulação de ferro no interior dos macrófagos. Além disso, a internalização da Fpn1 e a degradação lisossómica são reguladas pela hepcidina e os macrófagos infectados aumentam a transcrição da hepcidina de forma dependente do TLR-4 [85]. Da mesma forma, a infeção por *L. amazonenesis* aumenta o LIP dos macrófagos induzindo a regulação positiva da ferritina e a regulação negativa de Fpn1 mediada pela hepcidina, o que é benéfico para o estabelecimento de infecções intracelulares por *L. amazonensis* [85]. A literatura disponível aponta para diferenças específicas de cada espécie ou, em vez disso, para mecanismos de estratégias de aquisição e privação de ferro dependentes do resultado da doença. Há, portanto, muito mais a ser explorado em relação às estratégias de privação e eliminação de ferro do hospedeiro e da *Leishmania*, respetivamente.

2.6. Quelantes de ferro e estado do ferro no hospedeiro: contribuição para a biologia do ferro em *Leishmania*

A aquisição de ferro e a sua importância para o parasita *Leishmania levou os* investigadores a investigar a atividade anitleishmanial dos agentes quelantes de ferro. Isto proporcionou uma visão adicional da biologia dos parasitas *da Leishmania* associada ao ferro. Para controlar as infecções leishmaniais, a privação de ferro pode ser uma estratégia eficaz, uma vez que *a Leishmania* necessita essencialmente do ferro das células hospedeiras para sobreviver [52, 86]. Este facto é corroborado pelos estudos *in vitro* que utilizaram quelantes de ferro, como a deferoxamina (DFO) e as hidroxipiridina-4-onas, que mostraram uma atenuação do crescimento da *L. major* e da *L. infantum,* tendo-se verificado que o efeito inibitório desta última era superior ao da DFO [87]. No entanto, foi anteriormente referido que a deferoxamina não prejudicou a replicação [88] nem inibiu o crescimento intracelular de *L. donovani* em macrófagos [81, 89]. O tratamento de ratinhos com DFO não mostra um efeito significativo no desenvolvimento de lesões cutâneas por *L. major* [90], ao passo que os ratinhos tratados com DFO mostraram uma diminuição da proliferação de *L. infantum* no baço e no fígado [91]. Também foi referido noutros modelos de infeção animal que a sobrecarga de ferro favorece o crescimento do agente patogénico e o tratamento com quelantes de ferro ou a privação de ferro diminui a suscetibilidade à infeção [92]. Além disso, os ratinhos alimentados com uma dieta deficiente em ferro não afectaram o crescimento de *L. infantum*, ao passo que, quando sobrecarregados com ferro, apresentaram uma diminuição da replicação do parasita no fígado e no baço de ratinhos susceptíveis [93]. Pode inferir-se que uma dose elevada de ferro diminui a proliferação *da Leishmania* e induz a morte do parasita devido a uma interação sinérgica do ferro com espécies reactivas de azoto e oxigénio [93]. No entanto, os estudos existentes sobre a depleção de ferro [92, 94] não apoiam completamente o ponto de vista de que esta contribui para o controlo das infecções leishmaniais.

O papel do ferro como nutriente essencial para o crescimento do parasita *Leishmania* depende da espécie hospedeira. Foi relatado anteriormente que o tratamento com ferro não teve influência no crescimento dos parasitas nos macrófagos [88], mas estudos posteriores mostraram que o tratamento com ferro favoreceu o crescimento de *L. amazonensis* [77] e *L.*

donovani dentro dos macrófagos [81]. Contudo, a situação de *L. enriettii* difere de *L. amazonensis* e *L. donovani* porque os macrófagos activados são capazes de eliminar a infeção por *L. enriettii* [95]. Além disso, estes resultados *in vitro não estão de* acordo com os modelos murinos infectados com *Leishmania*. O ferro administrado a hamsters aumentou a replicação de *L. donovani*, profiláctica ou terapeuticamente [96], ao passo que os ratinhos com ferro não desenvolveram lesões no local primário de inoculação, bem como num local distante resistente à reinoculação. Do mesmo modo, o crescimento da *L. major* no interior dos macrófagos também é diminuído pela sobrecarga de ferro do hospedeiro [90, 97]. Os autores destes estudos indicaram uma proteção contra a infeção por *L. major* através da "carga de ferro", com o desenvolvimento concomitante de uma resposta imunitária do tipo Th1. Potencialmente, esta resposta apresentava uma maior proliferação de linfócitos T mediada por TCR, um elevado número de células T CD4+ positivas para IFN-y e ativação de NF-KB com uma maior capacidade das células esplénicas para apresentar péptidos derivados de *L. major* [90, 97]. Este estudo foi ainda apoiado pelo facto de uma maior quantidade de ferro ter gerado ROS/RNS nos macrófagos, o que modula a via de sinalização NF-KB [98-100] e se verificou ser induzível em todos os tipos de células. Os membros da família NF-KB desempenham um papel importante na etiologia das doenças, regulando os genes envolvidos nas respostas inflamatórias e imunitárias [101]. Além disso, a sobrecarga de ferro diminui a proliferação de *Leishmania, uma* vez que promove o mecanismo oxidativo de defesa do hospedeiro, provavelmente por reação oxidativa que regula a cascata de sinalização e forma subprodutos nocivos para o parasita. No entanto, o mecanismo subjacente aos efeitos observados da sobrecarga de ferro intracelular na inibição ou sobrevivência do parasita ainda não está claro. A resposta específica de cada espécie às condições de sobrecarga de ferro é um aspeto interessante ainda não resolvido e que coloca questões sobre a escolha de organismos modelo a utilizar para estudos *in vivo* de diferentes espécies *de Leishmania*.

2.7. Observações finais

Os parasitas humanos desenvolveram uma infinidade de mecanismos para obter ferro do hospedeiro, aos quais o sistema imunitário inato do hospedeiro se opõe retendo o ferro, assegurando que a interação entre o hospedeiro e o agente patogénico continua a ser um campo de batalha pelo precioso ferro. É evidente que o ferro desempenha um papel na modulação do resultado da infeção, mas é surpreendente que, para a aquisição de ferro na *Leishmania*, apenas um número limitado de genes pareça estar envolvido e apenas alguns tenham sido estudados quanto ao seu papel na infeção. No entanto, na última década, foram feitos progressos significativos no que diz respeito à aquisição de ferro e de heme contendo ferro por *Leishmania, a* partir dos quais surgiram questões mais interessantes sobre a biologia e a patogénese. No entanto, o nosso conhecimento é fragmentado no que diz respeito ao papel do ferro na transformação e patogénese dos parasitas. No contexto das ERO, a compreensão da influência do ferro na biologia da *Leishmania* é também uma das questões de alta prioridade que deve ser investigada para uma compreensão mais completa de como os produtos reactivos influenciam a fisiologia do parasita em condições de repleção e depleção de ferro. Uma caraterização mais aprofundada de outros genes envolvidos no metabolismo do ferro ou nos mecanismos de tráfico do ferro no âmbito da interação hospedeiro-parasita conduzirá a uma melhor compreensão da fisiologia dos parasitas *da Leishmania* e talvez ofereça oportunidades para o desenvolvimento de novos medicamentos anti-leishmania.

Referências

1. Pearson RD, de Queiroz Sousa A. Clinical spectrum of leishmaniasis. Doenças Infecciosas Clínicas 1996:1.

2. Pearson RD, Romito R, Symes PH, Harcus JL. Interação de promastigotas de Leishmania donovani com macrófagos derivados de monócitos humanos: entrada do parasita, sobrevivência intracelular e multiplicação. Infection and Immunity 1981;32:1249.

3. Chang K, Hendricks L, Bray R. Laboratory cultivation and maintenance of Leishmania. Leishmaniasis (Human Parasitic Diseases Vol 1) 1985:213.

4. Chang KP, Reed SG, McGwire BS, Soong L. *Leishmania* model for microbial virulence: the relevance of parasite multiplication and pathoantigenicity. Ata tropica; 2003, p. 375.

5. Wheeler RJ, Gluenz E, Gull K. O ciclo celular de *Leishmania*: eventos morfogenéticos e suas implicações para a biologia do parasita. Microbiologia molecular 2011;79:647.

6. Van Assche, T.; Deschacht, M.; da Luz, R. A.; Maes, L.; Cos, P. *Leishmania*- macrophage interactions: Insights sobre a biologia redox. Free Radic Biol Med 2011, 51, (2), 337-351.

7. Alvar, J.; Velez, I. D.; Bern, C.; Herrero, M.; Desjeux, P.; Cano, J.; Jannin, J.; den Boer, M. Leishmaniasis worldwide and global estimates of its incidence. PLoS One 2012, 7, (5), e35671.

8. W.H.O. Organização Mundial de Saúde Controlo das leishmanioses.World Health Organ.Tech.Rep.Ser.2010, Xii-Xiii, 1-186.

9. Reithinger R, Dujardin JC, Louzir H, Pirmez C, Alexander B, Brooker S. Cutaneous leishmaniasis. Lancet Infect Dis. 2007 Sep;7(9):581-96.

10. Basu AK, Chatterjea JB, Sen Gupta PC, Mukherjee AM. Hemostasia no calazar. Trans R Soc Trop Med Hyg. 1970;64(4):581-7.

11. Davidson RN, di Martino L, Gradoni L, Giacchino R, Gaeta GB, Pempinello R, et al. Tratamento de curta duração da leishmaniose visceral com anfotericina B lipossómica (AmBisome). Clin Infect Dis. 1996 Jun;22(6):938-43.

12. Berman JD. Human leishmaniasis: clinical, diagnostic, and chemotherapeutic developments in the last 10 years. Clin Infect Dis. 1997 Apr;24(4):684-703.

13. Sundar, S. Drug resistance in Indian visceral leishmaniasis (Resistência aos medicamentos na leishmaniose visceral indiana). TropMed Int Health 2001, 6, (11), 849-854.

10. Wasan, K. M.; Wasan, E. K.; Gershkovich, P.; Zhu, X.; Tidwell, R. R.; Werbovetz, K. A.; Clement, J. G.; Thornton, S. J. Formulação de anfotericina B oral altamente eficaz contra a leishmaniose visceral murina. J Infect Dis 2009, 200, (3), 357-360

11. Bhattacharya, S. K.; Sinha, P. K.; Sundar, S.; Thakur, C. P.; Jha, T. K.; Pandey, K.; Das, V. R.; Kumar, N.; Lal, C.; Verma, N.; Singh, V. P.; Ranjan, A.; Verma, R. B.; Anders, G.; Sindermann, H.; Ganguly, N. K. Phase 4 trial of miltefosine for the treatment of Indian visceral leishmaniasis. J Infect Dis 2007, 196, (4), 591-598.

12. Rahman, M.; Ahmed, B. N.; Faiz, M. A.; Chowdhury, M. Z.; Islam, Q. T.; Sayeedur, R.; Rahman, M. R.; Hossain, M.; Bangali, A. M.; Ahmad, Z.; Islam, M. N.; Mascie-Taylor, C. G.; Berman, J.; Arana, B. Ensaio de fase IV da miltefosina em adultos e crianças para o

tratamento da leishmaniose visceral (calazar) no Bangladesh. Am J Trop Med Hyg 2011, 85, (1), 66-69.

13. Zijlstra, E. E., A. M. El-Hassan, e A. Ismael. "Calazar endémico no leste do Sudão: leishmaniose dérmica pós-calazar". The American journal of tropical medicine and hygiene 52.4 (1995): 299-305.

14. Gyapong J, Boatin B. Departamento de Controlo das Doenças Tropicais Negligenciadas (HTM/NTD), Organização Mundial de Saúde, 20, Avenue Appia, Genebra CH-1211, Suíça e-mail: daniel@ who. int M. Boelaert Departamento de Saúde Pública, Instituto de Medicina Tropical. Doenças Tropicais Negligenciadas - África Subsariana 2016:87.

15. Gutierrez V, Seabra AB, Reguera RM, Khandare J, Calderon M. Novas abordagens da nanomedicina para o tratamento da leishmaniose. Chemical Society Reviews 2016;45:152.

16. Rishikesh K, Ganesh CS, Krishna P, Md Yousuf A, Sindhuprava R, Das P. Sistema de administração de fármacos de nanopartículas de sitamaquina encapsuladas em PLGA-PEG contra *Leishmania donovani*. Jornal de Investigação Científica e Inovadora 2014;3:85.

17. Kumar R, Sahoo GC, Pandey K, Das VNR, Topno RK, Ansari MY, et al. Desenvolvimento de um sistema de administração de fármacos baseado em miltefosina encapsulada em PLGA-PEG contra a leishmaniose visceral. Ciência e Engenharia de Materiais C 2015.

18. Berman J, Dietze R. Treatment of visceral leishmaniasis with amphotericin B colloidal dispersion (Tratamento da leishmaniose visceral com dispersão coloidal de anfotericina B). Chemotherapy 1999;45:54.

19. Bolard J, Joly V, Yeni P. Mecanismo de ação da anfotericina B a nível celular. A sua modulação por sistemas de distribuição. Journal of Liposome Research 1993;3:409.

20. Brajtburg J, Bolard J. Carrier effects on biological activity of amphotericin B. Clinical Microbiology Reviews 1996;9:512.

21. Cohen B. Amphotericin B toxicity and lethality: a tale of two channels. Revista Internacional de Farmácia 1998;162:95.

22. Gershkovich P, Wasan EK, Lin M, Sivak O, Leon CG, Clement JG, et al. Farmacocinética e biodistribuição da anfotericina B em ratos após administração oral numa nova formulação à base de lípidos. Journal of antimicrobial chemotherapy 2009:dkp140.

23. Hartsel S, Bolard J. Amphotericin B: new life for an old drug. Tendências em ciências farmacológicas 1996;17:445.

24. Das S, Rani M, Pandey K, Sahoo GC, Rabidas VN, Singh D, et al. A combinação de paromomicina e miltefosina promove a indução dependente de TLR4 da resposta imunitária antileishmanial in vitro. Journal of antimicrobial chemotherapy 2012;67:2373.

25. Fourmy D, Yoshizawa S, Puglisi JD. A ligação da paromomicina induz uma alteração conformacional local no sítio A do 16 S rRNA. Journal of molecular biology 1998;277:333.

26. Jha T, Sundar S, Thakur C, Bachmann P, Karbwang J, Fischer C, et al. Miltefosine, um agente oral, para o tratamento da leishmaniose visceral indiana. New England Journal of Medicine 1999;341:1795.

27. Kumar R, Sahoo GC, Pandey K, Das V, Topno RK, Ansari MY, et al. Desenvolvimento de um sistema de administração de fármacos baseado em miltefosina encapsulada em PLGA-PEG contra a leishmaniose visceral. Ciência e Engenharia de Materiais: C 2016;59:748.

28. Sundar S, Rosenkaimer F, Makharia MK, Goyal AK, Mandal AK, Voss A, et al. Ensaio de miltefosina oral para a leishmaniose visceral. The Lancet 1998;352:1821.

29. Adler-Moore J. AmBisome targeting to fungal infections. Transplante de medula óssea 1993;14:S3.

30. Sundar S, Lockwood DN, Agrawal G, Rai M, Makharia M, Murray HW. Treatment of Indian visceral leishmaniasis with single or daily infusions of low dose liposomal amphotericin B: randomised trialComentário: os custos e a resistência continuam a ser um problema. Bmj 2001;323:419.

31. Nafchi HR, Kazemi-Rad E, Mohebali M, Raoofian R, Ahmadpour NB, Oshaghi MA, et al. Análise da expressão do gene da leishmaniose viscerotrópica em espécies *de Leishmania* por RT-PCR em tempo real. Ata Parasitologica 2016;61:93.

32. Jeszenoi N, Balint M, Horvath I, van der Spoel D, Hetenyi C. Exploração de Redes de Hidratação Interfacial de Complexos Alvo-Ligando. Jornal de informação e modelação química 2016.

33. Kuljit Singh, Gaurav Garg e Vahab Ali. Current Therapeutics, Their Problems and Thiol Metabolism as Potential Drug Targets in Leishmaniasis. Current Drug Metabolism, 2016, 17,

34. Ariyanayagam, M. R.; Fairlamb, A. H., Ovothiol and trypanothione as antioxidants in trypanosomatids. Mol Biochem Parasitol 2001, 115, (2), 189-198

35. Ariyanayagam,M.R.;Oza,S.L.;Mehlert,A.;Fairlamb,A. H., Bis(glutationyl)spermine e outros novos análogos da tripanotiona em *Trypanosoma cruzi*. J Biol Chem 2003, 278, (30), 27612-27619.

36. Ariyanayagam, M. R.; Oza, S. L.; Guther, M. L.; Fairlamb, A. H., Phenotypic analysis of trypanothione synthetase knockdown in the African trypanosome. Biochem J 2005, 391, (Pt 2), 425-432.

37. Dumas, C.; Ouellette, M.; Tovar, J.; Cunningham, M. L.; Fairlamb, A. H.; Tamar, S.; Olivier, M.; Papadopoulou, B., Disruption of the trypanothione reductase gene of *Leishmania decreases* its ability to survive oxidative stress in macrophages. Embo J 1997, 16, (10), 2590-2598.

38. Tovar, J.; Wilkinson, S.; Mottram, J. C.; Fairlamb, A. H., Evidence that trypanothione reductase is an essential enzyme in *Leishmania* by targeted replacement of the tryA gene locus. Mol Microbiol 1998, 29, (2), 653-660

39. Kelly, J. M.; Taylor, M. C.; Smith, K.; Hunter, K. J.; Fairlamb, A. H., Phenotype of recombinant *Leishmania donovani* and *Trypanosoma cruzi* which over-express trypanothione reductase. Sensibilidade a agentes que se pensa induzirem stress oxidativo.Eur J Biochem 1993, 218, (1), 29-37

40. Krieger, S.; Schwarz, W.; Ariyanayagam, M. R.; Fairlamb, A. H.; Krauth-Siegel, R. L.; Clayton, C., Trypanosomes lacking trypanothione reductase are avirulent and show increased

sensitivity to oxidative stress. Mol Microbiol 2000, 35, (3), 542-552.

41. Chawla B, Madhubala R. Alvos de medicamentos em *Leishmania*. Jornal de Doenças Parasitárias 2010;34:1.

42. Berens RL, Krug EC, Marr JJ. 6 Purine and Pyrimidine Metabolism. Biochemistry and molecular biology of parasites 1995:89.

43. Hwang H-Y, Ullman B. Genetic analysis of purine metabolism in *Leishmania donovani* (Análise genética do metabolismo das purinas em *Leishmania donovani)*. Journal of Biological Chemistry 1997;272:19488.

44. Ansari MY, Dikhit MR, Sahoo GC, Das P. Modelação comparativa da enzima HGPRT de *Leishmania donovani* e afinidades de ligação de diferentes análogos de GMP. Int J Biol Macromol 2012;50:637.

45. Shih S, Hwang H-Y, Carter D, Stenberg P, Ullman B. Localização e orientação da hipoxantina-guanina fosforibosiltransferase de *Leishmania donovani* para o glicosoma. Journal of Biological Chemistry 1998;273:1534.

46. Kelley WN, Rosenbloom FM, Miller J, Seegmiller JE. Uma base enzimática para a variação na resposta ao alopurinol: deficiência de hipoxantina-guanina fosforibosiltransferase. New England Journal of Medicine 1968;278:287.

48. Jardim A, Ullman B. O dipeptídeo de serina-tirosina conservado na hipoxantina-guanina fosforibosiltransferase de *Leishmania donovani* é essencial para a atividade catalítica. Journal of Biological Chemistry 1997;272:8967.

49. Ansari M, Dikhit M, Sahoo G, Das P. Modelação comparativa da enzima HGPRT de L. donovani e afinidades de ligação de diferentes análogos de GMP. Int J Biol Macromol 2012;50:637.

50. Ansari MY, Equbal A, Dikhit MR, Mansuri R, Rana S, Ali V, et al. Estabelecimento de correlação entre a análise de testes in-silico e in-vitro contra inibidores de *Leishmania* HGPRT. Revista Internacional de Macromoléculas Biológicas 2016;83:78.

51. Kar RK, Ansari MY, Suryadevara P, Sahoo BR, Sahoo GC, Dikhit MR, et al. Elucidação computacional da base estrutural para a ligação do ligando à adenosina quinase de *Leishmania donovani*. BioMed Research International 2013;6092:1.

52. Hassan P, Fergusson D, Grant KM, Mottram JC. A proteína quinase CRK3 é essencial para a progressão do ciclo celular da *Leishmania mexicana*. Molecular and biochemical parasitology 2001;113:189.

53. Grant KM, Hassan P, Anderson JS, Mottram JC. O gene crk3 de Leishmania mexicanaEncodifica uma histona H1 quinase relacionada com cdc2 regulada por estágio que se associa a p12 cks1. Journal of Biological Chemistry 1998;273:10153.

54. Alexander J, Coombs GH, Mottram JC. Os mutantes deficientes em cisteína proteinasede de *Leishmania mexicana* têm virulência atenuada para ratinhos e potenciam uma resposta Th1. The Journal of Immunology 1998;161:6794.

55. Neal R, Croft S. Um sistema in-vitro para determinar a atividade de compostos contra a forma amastigota intracelular de *Leishmania donovani*. Journal of Antimicrobial

Chemotherapy 1984;14:463.

56. Hardy L, Matthews W, Nare B, Beverley S. Testes bioquímicos e genéticos para inibidores das vias de pteridina de *Leishmania*. Parasitologia experimental 1997;87:158.

57. Das A, Dasgupta A, Sengupta T, Majumder HK. Topoisomerases de parasitas kinetoplastídeos como potenciais alvos quimioterapêuticos. TRENDS in Parasitology 2004;20:381.

58. Sen N, Banerjee B, Das B, Ganguly A, Sen T, Pramanik S, et al. A apoptose é induzida em células leishmaniais por um novo inibidor da proteína quinase com aaferina A e é facilitada pelo complexo apoptótico topoisomerase I-DNA. Cell Death & Differentiation 2007;14:358.

59. Das BB, Sen N, Ganguly A, Majumder HK. Reconstituição e caraterização funcional da topoisomerase de ADN tipo I bi-subunitária invulgar de *Leishmania donovani*. FEBS letters 2004;565:81.

60. Bodley AL, Shapiro TA. Molecular and cytotoxic effects of camptothecin, a topoisomerase I inhibitor, on trypanosomes and *Leishmania*. Actas da Academia Nacional de Ciências 1995;92:3726.

61. Ray S, Hazra B, Mittra B, Das A, Majumder HK. Diospirina, uma bisnaftoquinona: um novo inibidor da topoisomerase de ADN de tipo I de *Leishmania donovani*. Molecular pharmacology 1998;54:994.

62. Sen N, Das B, Ganguly A, Mukherjee T, Tripathi G, Bandyopadhyay S, et al. Disfunção mitocondrial induzida pela camptotecina que conduz à morte celular programada no hemoflagelado unicelular *Leishmania donovani*. Cell Death & Differentiation 2004;11:924

1. W.H.O (2010) Organização Mundial de Saúde - Controlo das Leishmanioses. Organização Mundial de Saúde.Tech.Rep.Ser. Xii-Xiii:1-186.

2. Ready, P D (2010) Emergência da leishmaniose na Europa. Euro Surveill 15:19505.

3. Wilson, M E, R W Vorhies, K A Andersen, e B E Britigan (1994) Acquisition of iron from transferrin and lactoferrin by the protozoan *Leishmania chagasi*. Infect Immun 62:3262-3269.

4. Posey, J E, e F C Gherardini (2000) Ausência de um papel para o ferro no agente patogénico da doença de Lyme. Science 288:1651-1653.

5. Nguyen, K T, J C Wu, J A Boylan, F C Gherardini, e D Pei (2007) O zinco é o cofator metálico da *Borrelia burgdorferi* peptide deformylase. Arch Biochem Biophys 468:217-225.

6. Gozzelino, R, e P Arosio (2016) Iron Homeostasis in Health and Disease. Int J Mol Sci 17.

7. Wrighting, D M, e N C Andrews (2006) A interleucina-6 induz a expressão de hepcidina através de STAT3. Sangue 108:3204-3209.

8. Armitage, A E, L A Eddowes, U Gileadi, S Cole, N Spottiswoode, T A Selvakumar, L P Ho, A R Townsend e H Drakesmith (2011) Hepcidin regulation by innate immune and

infectious stimuli. Sangue 118:4129-4139.

9. Niu, Q, S Li, D Chen, Q Chen, e J Chen (2016) Aquisição de ferro em Leishmania e o seu papel crucial na infeção. Parasitologia 143:1347-1357.

10. Gunshin, H, B Mackenzie, U V Berger, Y Gunshin, M F Romero, W F Boron, S Nussberger, J L Gollan e M A Hediger (1997) Cloning and characterization of a mammalian proton-coupled metal-ion transporter. Nature 388:482-488.

11. Abboud, S, e D J Haile (2000) A novel mammalian iron-regulated protein involved in intracellular iron metabolism. J Biol Chem 275:19906-19912.

12. Donovan, A, C A Lima, J L Pinkus, G S Pinkus, L I Zon, S Robine, e N C Andrews (2005) The iron exporter ferroportin/Slc40a1 is essential for iron homeostasis. Cell Metab 1:191-200.

13. McKie, A T, P Marciani, A Rolfs, K Brennan, K Wehr, D Barrow, S Miret, A Bomford, T J Peters, F Farzaneh, M A Hediger, M W Hentze e R J Simpson (2000) A novel duodenal iron-regulated transporter, IREG1, implicated in the basolateral transfer of iron to the circulation. Mol Cell 5:299-309.

14. Torti, F M, e S V Torti (2002) Regulation of ferritin genes and protein. Sangue 99:3505-3516.

15. Harrison, P M (1977) Ferritin: an iron-storage molecule (Ferritina: uma molécula armazenadora de ferro). Semin Hematol 14:55-70.

16. Kosman, D J (2010) Multicopper oxidases: um workshop sobre química de coordenação do cobre, transferência de electrões e metalofisiologia. J Biol Inorg Chem 15:15-28.

17. Anderson, G J, e C D Vulpe (2009) Mammalian iron transport. Cell Mol Life Sci 66:3241-3261.

18. Kim, A, e E Nemeth (2015) New insights into iron regulation and erythropoiesis. Curr Opin Hematol 22:199-205.

19. Nemeth, E, M S Tuttle, J Powelson, M B Vaughn, A Donovan, D M Ward, T Ganz, e J Kaplan (2004) Hepcidin regulates cellular iron efflux by binding to ferroportin and inducing its internalization. Science 306:2090-2093.

20. Loreal, O, T Cavey, E Bardou-Jacquet, P Guggenbuhl, M Ropert, e P Brissot (2014) Ferro, hepcidina e a ligação metálica. Front Pharmacol 5:128.

21. Drakesmith, H, e A M Prentice (2012) Hepcidin and the iron-infection axis. Ciência 338:768-772.

22. Peyssonnaux, C, A S Zinkernagel, V Datta, X Lauth, R S Johnson, e V Nizet (2006) TLR4-dependent hepcidin expression by myeloid cells in response to bacterial pathogens. Sangue 107:3727-3732.

23. Nairz, M, A Schroll, T Sonnweber, e G Weiss (2010) The struggle for iron - a metal at the host-pathogen interface. Cell Microbiol 12:1691-1702.

24. Weiss, G (2005) Modificação da regulação do ferro pela resposta inflamatória. Best Pract Res Clin Haematol 18:183-201.

25. Voyiatzaki, C S, e K P Soteriadou (1992) Identification and isolation of the *Leishmania*

transferrin recetor. J Biol Chem 267:9112-9117.

26. Wilson, M E, T S Lewis, M A Miller, M L McCormick e B E Britigan (2002) *Leishmania chagasi:* a absorção de ferro ligado à lactoferrina ou à transferrina requer uma redutase do ferro. Exp Parasitol 100:196-207.

27. Ivens, A C, C S Peacock, E A Worthey, L Murphy, G Aggarwal, *et al.* (2005) O genoma do parasita cinetoplastídeo, *Leishmania major.* Science 309:436-442.

28. Flannery, A R, C Huynh, B Mittra, R A Mortara, e N W Andrews (2011) A redutase de ferro férrico LFR1 de *Leishmania amazonensis* é essencial para a geração de formas parasitárias infecciosas. J Biol Chem 286:23266-23279.

29. Huynh, C, D L Sacks, e N W Andrews (2006) Um transportador de ferro da família ZIP de *Leishmania amazonensis* é essencial para a replicação do parasita nos fagolisossomas dos macrófagos. J Exp Med 203:2363-2375.

30. Jacques, I, N W Andrews, e C Huynh (2010) Caracterização funcional de LIT1, o transportador de ferro ferroso de *Leishmania amazonensis.* Mol Biochem Parasitol 170:28-36.

31. Eng, B H, M L Guerinot, D Eide, e M H Saier, Jr. (1998) Sequence analyses and phylogenetic characterization of the ZIP family of metal ion transport proteins. J Membr Biol 166:1-7.

32. Guerinot, M L (2000) A família ZIP de transportadores de metais. Biochim Biophys Ata 1465:190-198.

33. Gitan, R S, e D J Eide (2000) A conjugação de ubiquitina regulada pelo zinco assinala a endocitose do transportador de zinco ZRT1 da levedura. Biochem J 346 Pt 2:329-336.

34. Gitan, R S, M Shababi, M Kramer, and D J Eide (2003) A cytosolic domain of the yeast Zrt1 zinc transporter is required for its post-translational inactivation in response to zinc and cadmium. J Biol Chem 278:39558-39564.

35. Mittra, B, M Cortez, A Haydock, G Ramasamy, P J Myler e N W Andrews (2013) A captação de ferro controla a geração de formas infecciosas *de Leishmania* através da regulação dos níveis de ROS. J Exp Med 210:401-416.

36. Sengupta, S, J Tripathi, R Tandon, M Raje, R P Roy, S K Basu, e A Mukhopadhyay (1999) Hemoglobin endocytosis in *Leishmania* is mediated through a 46-kDa protein located in the flagellar pocket. J Biol Chem 274:2758-2765.

37. Dey, R, C Meneses, P Salotra, S Kamhawi, H L Nakhasi, and R Duncan (2010) Characterization of a *Leishmania* stage-specific mitochondrial membrane protein that enhances the activity of cytochrome c oxidase and its role in virulence. Mol Microbiol 77:399-414.

38. Anzaldi, L L, e E P Skaar (2010) Overcoming the heme paradox: heme toxicity and tolerance in bacterial pathogens. Infect Immun 78:4977-4989.

39. Koreny, L, M Obornik, and J Lukes (2013) Make it, take it, or leave it: heme metabolism of parasites. PLoS Pathog 9:e1003088.

40. Tripodi, K E, S M Menendez Bravo, e J A Cricco (2011) Role of heme and heme-

proteins in trypanosomatid essential metabolic pathways. Enzyme Res 2011:873230.

41. Patel, N, S B Singh, S K Basu, e A Mukhopadhyay (2008) *Leishmania* requer a degradação mediada por Rab7 da hemoglobina endocitada para o seu crescimento. Proc Natl Acad Sci U S A 105:3980-3985.

42. Carvalho, S, T Cruz, N Santarem, H Castro, V Costa, and A M Tomas (2009) Heme como fonte de ferro para amastigotas de *Leishmania infantum*. Ata Trop 109:131 135.

43. Renberg, R L, X Yuan, T K Samuel, D C Miguel, I Hamza, N W Andrews, e A R Flannery (2015) A capacidade de transporte de heme de LHR1 determina a extensão da virulência em *Leishmania amazonensis*. PLoS Negl Trop Dis 9:e0003804.

44. Martinez-Garcia, M, J Campos-Salinas, M Cabello-Donayre, E Pineda-Molina, F J Galvez, L M Orrego, M P Sanchez-Canete, S Malagarie-Cazenave, D M Koeller, e J M Perez-Victoria (2016) LmABCB3, um transportador ABC mitocondrial atípico essencial para a virulência de *Leishmania* major, actua na biogénese de clusters de ferro/enxofre heme e citosólico. Parasit Vectors 9:7-23.

45. Cupello, M P, C F Souza, C Buchensky, J B Soares, G A Laranja, M G Coelho, J A Cricco, e M C Paes (2011) O processo de captação de heme em epimastigotas de *Trypanosoma cruzi* é inibido por análogos de heme e por inibidores de transportadores ABC. Ata Trop 120:211-218.

46. O'Callaghan, K M, V Ayllon, J O'Keeffe, Y Wang, O T Cox, G Loughran, M Forgac e R O'Connor (2010) A proteína de ligação ao heme HRG-1 é induzida pelo fator de crescimento semelhante à insulina I e associa-se à H+-ATPase vacuolar para controlar o pH endossomal e o tráfico de receptores. J Biol Chem 285:381-391.

47. Paramchuk, W J, S O Ismail, A Bhatia, e L Gedamu (1997) Clonagem, caraterização e sobreexpressão de dois cDNAs de superóxido dismutase de ferro de *Leishmania chagasi:* papel na patogénese. Mol Biochem Parasitol 90:203-221.

48. Plewes, K A, S D Barr, e L Gedamu (2003) Iron superoxide dismutases targeted to the glycosomes of *Leishmania chagasi* are important for survival. Infect Immun 71:5910-5920.

49. Genetu, A, E Gadisa, A Aseffa, S Barr, M Lakew, D Jirata, T Kuru, D Kidane, M Hunegnaw, e L Gedamu (2006) *Leishmania aethiopica:* identificação de estirpes e caraterização de genes da superóxido dismutase-B. Exp Parasitol 113:221-226.

50. Getachew, F, e L Gedamu (2007) A superóxido dismutase A de ferro de *Leishmania donovani* é direccionada para a mitocôndria pelos seus aminoácidos N-terminais com carga positiva. Mol Biochem Parasitol 154:62-69.

51. Fridovich, I (1978) The biology of oxygen radicals. Ciência 201:875-880.

52. Taylor, M C, e J M Kelly (2010) Iron metabolism in trypanosomatids, and its crucial role in infection. Parasitologia 137:899-917.

53. Ghosh, S, S Goswami, e S Adhya (2003) Role of superoxide dismutase in survival of *Leishmania* within the macrophage. Biochem J 369:447-452.

54. Rigoulet, M, E D Yoboue, e A Devin (2011) Mitochondrial ROS generation and its

regulation: mechanisms involved in H(2)O(2) signaling. Antioxid Redox Signal 14:459-468.

55. Pratap Singh, K, A Zaidi, S Anwar, S Bimal, P Das e V Ali (2014) As espécies reactivas de oxigénio regulam a expressão da proteína IscS de montagem de aglomerados de ferro-enxofre de *Leishmania donovani*. Free Radic Biol Med 75:195-209.

56. Zaidi, A, K P Singh, S Anwar, S S Suman, A Equbal, K Singh, M Dikhit, S Bimal, K Pandey, P Das, e V Ali (2015) Interação da frataxina, uma proteína de ligação ao ferro, com IscU da via de biogénese de aglomerados Fe-S e sua regulação positiva em *Leishmania donovani* resistente a AmpB. Biochimie 115:120-135.

57. Mittra, B, M F Laranjeira-Silva, J Perrone Bezerra de Menezes, J Jensen, V Michailowsky e N W Andrews (2016) Um transportador de ferro tripanossomatídeo que regula a função mitocondrial é necessário para a virulência de *Leishmania amazonensis*. PLoS Pathog 12:e1005340.

58. McConville, M J, E C Saunders, J Kloehn, and M J Dagley (2015) *Leishmania carbon* metabolism in the macrophage phagolysosome- feast or famine? F1000Res 4:938.

59. Dolai, S, R K Yadav, S Pal, e S Adak (2008) *Leishmania major* ascorbate peroxidase overexpression protects cells against reactive oxygen species-mediated cardiolipin oxidation. Free Radic Biol Med 45:1520-1529.

60. Pal, S, S Dolai, R K Yadav, e S Adak (2010) A ascorbato peroxidase de *Leishmania major* controla a virulência da fase infecciosa das promastigotas através da regulação do stress oxidativo. PLoS One 5:e11271.

61. Kumar, A, S Das, B Purkait, A H Sardar, A K Ghosh, M R Dikhit, K Abhishek, e P Das (2014) Ascorbato peroxidase, uma molécula chave que regula a resistência à anfotericina B em isolados clínicos de *Leishmania donovani*. Antimicrob Agents Chemother 58:6172-6184.

62. Wong, I L, e L M Chow (2006) O papel da proteína 1 de resistência a múltiplos fármacos de *Leishmania enriettii* (LeMDR1) na mediação da resistência aos fármacos é dependente do ferro. Mol Biochem Parasitol 150:278-287.

63. Wang, L, e B J Cherayil (2009) Ironing out the wrinkles in host defense: interactions between iron homeostasis and innate immunity. J Innate Immun 1:455464.

64. Schaible, U E, e S H Kaufmann (2004) Iron and microbial infection. Nat Rev Microbiol 2:946-953.

65. Chisi, J E, H Misiri, Y Zverev, A Nkhoma, e J M Sternberg (2004) Anaemia in human African trypanosomiasis caused by *Trypanosoma brucei rhodesiense*. East Afr Med J 81:505-508.

66. Soe-Lin, S, S S Apte, B Andriopoulos, Jr., M C Andrews, M Schranzhofer, T Kahawita, D Garcia-Santos, e P Ponka (2009) Nramp1 promove a reciclagem eficiente de ferro pelos macrófagos após eritrofagocitose in vivo. Proc Natl Acad Sci U S A 106:5960-5965.

67. Blackwell, J M, T Goswami, C A Evans, D Sibthorpe, N Papo, J K White, S Searle, E

N Miller, C S Peacock, H Mohammed e M Ibrahim (2001) SLC11A1 (anteriormente NRAMP1) and disease resistance. Cell Microbiol 3:773-784.

68. Flannery, A R, R L Renberg, e N W Andrews (2013) Vias de aquisição e utilização de ferro em *Leishmania.* Curr Opin Microbiol 16:716-721.

69. Huynh, C, e N W Andrews (2008) Aquisição de ferro nas células hospedeiras e a patogenicidade da Leishmania. Cell Microbiol 10:293-300.

70. Fortier, A, G Min-Oo, J Forbes, S Lam-Yuk-Tseung, e P Gros (2005) Single gene effects in mouse models of host: pathogen interactions. J Leukoc Biol 77:868877.

71. Cellier, M F, P Courville, e C Campion (2007) Nramp1 phagocyte intracellular metal withdrawal defense. Microbes Infect 9:1662-1670.

72. Zwilling, B S, D E Kuhn, L Wikoff, D Brown, e W Lafuse (1999) Role of iron in Nramp1-mediated inhibition of mycobacterial growth. Infect Immun 67:1386-1392.

73. Gordon, S (2003) Alternative activation of macrophages (Ativação alternativa de macrófagos). Nat Rev Immunol 3:2335.

74. Recalcati, S, M Locati, A Marini, P Santambrogio, F Zaninotto, M De Pizzol, L Zammataro, D Girelli, e G Cairo (2010) Regulação diferencial da homeostase do ferro durante a ativação polarizada dos macrófagos humanos. Eur J Immunol 40:824-835.

75. Diaz-Gandarilla, J A, C Osorio-Trujillo, V I Hernandez-Ramirez, e P Talamas-Rohana (2013) A ativação do PPAR induz a polarização de macrófagos M1 através da inibição de cPLA(2)-COX-2, activando a produção de ROS contra *Leishmania mexicana.* Biomed Res Int 2013:215283.

76. Russell, D G, S Xu, e P Chakraborty (1992) Intracellular trafficking and the parasitophorous vacuole of *Leishmania mexicana-infected* macrophages. J Cell Sci 103 (Pt 4):1193-1210.

77. Borges, V M, M A Vannier-Santos, and W de Souza (1998) Subverted transferrin trafficking in *Leishmania-infected* macrophages. Parasitol Res 84:811-822.

78. Courret, N, C Frehel, N Gouhier, M Pouchelet, E Prina, P Roux, e J C Antoine (2002) Biogénese de vacúolos parasitóforos *de* Leishmania após fagocitose das fases promastigota ou amastigota metacíclicas dos parasitas. J Cell Sci 115:2303-2316.

79. McConville, M J, D de Souza, E Saunders, V A Likic, e T Naderer (2007) Living in a phagolysosome; metabolism of *Leishmania* amastigotes. Trends Parasitol 23:368-375.

80. Wilson, R J (2002) Progress with parasite plastids. J Mol Biol 319:257-274.

81. Das, N K, S Biswas, S Solanki, e C K Mukhopadhyay (2009) *Leishmania donovani* depleta a reserva de ferro lábil para explorar a capacidade de absorção de ferro do macrófago para o seu crescimento intracelular. Cell Microbiol 11:83-94.

82. Singh, N, S Bajpai, V Kumar, J K Gour, e R K Singh (2013) Identificação e caraterização funcional da peroxidase secretora de *Leishmania donovani*: delineando o seu papel na regulação de NRAMP1. PLoS One 8:e53442.

83. Theurl, I, G Fritsche, S Ludwiczek, K Garimorth, R Bellmann-Weiler, e G Weiss (2005) The macrophage: a cellular factory at the interphase between iron and immunity for the

control of infections. Biometals 18:359-367.

84. Yang, F, X B Liu, M Quinones, P C Melby, A Ghio, e D J Haile (2002) Regulation of reticuloendothelial iron transporter MTP1 (Slc11a3) by inflammation. J Biol Chem 277:39786-39791.

85. Ben-Othman, R, A R Flannery, D C Miguel, D M Ward, J Kaplan, e N W Andrews (2014) A inibição da exportação de ferro *mediada por Leishmania* promove a replicação do parasita em macrófagos. PLoS Pathog 10:e1003901.

86. Sutak, R, E Lesuisse, J Tachezy, e D R Richardson (2008) Crusade for iron: iron uptake in unicellular eukaryotes and its significance for virulence. Trends Microbiol 16:261-268.

87. Soteriadou, K, P Papavassiliou, C Voyiatzaki, e J Boelaert (1995) Effect of iron chelation on the in-vitro growth of *Leishmania* promastigotes. J Antimicrob Chemother 35:23-29.

88. Murray, H W, A M Granger, e R F Teitelbaum (1991) Gamma interferon- activated human macrophages and *Toxoplasma gondii, Chlamydia psittaci,* and *Leishmania donovani*: antimicrobial role of limiting intracellular iron. Infect Immun 59:4684-4686.

89. Segovia, M, A Navarro, e J M Artero (1989) O efeito da desferrioxamina contida em lipossomas na *Leishmania donovani* in vitro. Ann Trop Med Parasitol 83:357360.

90. Bisti, S, G Konidou, F Papageorgiou, G Milon, J R Boelaert, e K Soteriadou (2000) The outcome of *Leishmania major* experimental infection in BALB/c mice can be modulated by exogenously given iron. Eur J Immunol 30:3732-3740.

91. Malafaia, G, N Marcon Lde, F Pereira Lde, M L Pedrosa, e S A Rezende (2011) *Leishmania chagasi*: efeito da deficiência de ferro na infeção em camundongos BALB/c. Exp Parasitol 127:719-723.

92. Weinberg, E D (2009) Iron availability and infection (Disponibilidade de ferro e infeção). Biochim Biophys Ata 1790:600-605.

93. Vale-Costa, S, S Gomes-Pereira, C M Teixeira, G Rosa, P N Rodrigues, A Tomas, R Appelberg, e M S Gomes (2013) A sobrecarga de ferro favorece a eliminação de *Leishmania infantum* dos tecidos de ratos através da interação com espécies reactivas de oxigénio e azoto. PLoS Negl Trop Dis 7:e2061.

94. Mesquita-Rodrigues, C, R F Menna-Barreto, L Saboia-Vahia, S A Da-Silva, E M de Souza, M C Waghabi, P Cuervo, e J B De Jesus (2013) O crescimento celular e a ultraestrutura mitocondrial de promastigotas de Leishmania (Viannia) braziliensis são afetados pelo quelante de ferro 2,2-dipiridil. PLoS Negl Trop Dis 7:e2481.

95. Mauel, J, A Ransijn, e Y Buchmuller-Rouiller (1991) A morte de parasitas *Leishmania* em macrófagos murinos activados baseia-se num processo dependente de L-arginina que produz derivados de azoto. J Leukoc Biol 49:73-82.

96. Garg, R, N Singh, e A Dube (2004) Intake of nutrient supplements affects multiplication of *Leishmania donovani* in hamsters. Parasitology 129:685-691.

97. Bisti, S, e K Soteriadou (2006) Será a ativação de NF-kappaB dependente de espécies

reactivas de oxigénio observada em ratinhos BALB/c carregados de ferro um processo-chave que previne o crescimento da progenitura de *Leishmania major* e os danos nos tecidos? Microbes Infect 8:14731482.

98. Xiong, S, H She, C K Sung, e H Tsukamoto (2003) Iron-dependent activation of NF-kappaB in Kupffer cells: a priming mechanism for alcoholic liver disease. Alcohol 30:107-113.

99. Leonard, S S, G K Harris, e X Shi (2004) Metal-induced oxidative stress and signal transduction. Free Radic Biol Med 37:1921-1942.

100. Galaris, D, e K Pantopoulos (2008) Oxidative stress and iron homeostasis: mechanistic and health aspects. Crit Rev Clin Lab Sci 45:1-23.

101. Bonizzi, G, e M Karin (2004) As duas vias de ativação do NF-kappaB e o seu papel na imunidade inata e adaptativa. Trends Immunol 25:280-288.

Tabela:

Capítulo 1-Tabela: Medicamentos antileishmaniais para o tratamento da LV com taxa de sucesso e o medicamento em ensaio clínico (Fase, P).

Quadro 1 :

Fármaco ▶	Anfotericina B	Amp B lipossomal	Miltefosina (MF)	Paromomicina (PM)	Sódio Stibogluconato (SSG)	Pentamidina
Mecanismo de ação	Alta afinidade pelo ergosterol presente na membrana do parasita, levando a uma alteração da permeabilidade	Alta afinidade pelo ergosterol presente na membrana do parasita, levando a uma alteração da permeabilidade	Inibe a biossíntese da fosfatidilcolina e altera a composição de esteróis e fosfolípidos	Liga-se aos ribossomas, provocando a inibição da biossíntese proteica	A inibição da glicólise, da oxidação dos ácidos gordos e da fosforilação do ADP altera o perfil dos tióis	Altera a síntese de poliaminas, interage com o ADN dos cinetoplastos e inibe a topoisomeras e II
Classe de drogas	Antibiótico polieno	Antibiótico polieno	Alquilfosfolípidos -pid	Aminoglicosídeo	Antimoniais pentavalentes	Diamidina
Administração	infusões intravenosas	infusões intravenosas	Oral	intramuscular. e tópica	intravenosa ou intramuscular	intravenosa ou intramuscular
Regime (Dose & Tempo)	1 mg/kg x 15 injecções durante 30 dias	3 mg/kg uma vez por dia nos dias 1-5, 14 e 2	1,5-2,5 mg/kg/dia ou 100 mg/dia durante 28 dias	11 mg/kg /dia para 21 dias	20 mg/kg por dia durante 20-30 dias	4 mg/kg em dias alternados para 5 semanas
Eficácia (Fase)	95% (P3)	98% (P4)	94% (P3) 82% (P4)	94% (P3)	65-95% (P3)	60-90% (P3)

Efeitos adversos/toxicidade	Nefrotoxicidade, febre alta, dores, arrepios, náuseas, vómitos, dispneia, dor óssea, hipocalemia, tromboflebite	Rigores e arrepios ocorrem durante a perfusão	Efeitos gastrointestinais (vómitos e diarreia) em 30-50% dos doentes, Nefrotoxicidade, Hepatotoxicidade, Teratogenicidade	Nefrotoxicidade, Ototoxicidade, Hepatotoxicidade, Dor no local da injeção	Náuseas, vómitos, tosse, dor e rigidez do músculo injetado, toxicidade cardíaca, pancreatite, nefrotoxicidade, hepatotoxicidade	A libertação de histamina provoca reacções agudas. Queda acentuada da PA, colapso cardiovascular, vómitos, rigor, febre, dor no local da injeção, diabetes mellitus dependente de insulina
Vantagens	Elevada taxa de cura, eficaz contra doentes resistentes a SSG	Boa eficácia, toxicidade reduzida, benéfico para doentes imunocomprometidos	Primeira preparação oral antileishmania e também eficaz em casos resistentes a SSG	Antibiótico de largo espetro, barato, elevada taxa de cura (monoterapia e combinações)	Eficaz no tratamento ao longo dos últimos anos e disponibilidade de preparações genéricas baratas	Eficaz em casos resistentes a SSG

Quadro 1.1- Regimes recomendados pela OMS para o tratamento da LV e da PKDL em diferentes regiões endémicas

Medicamento (com combinação ou isoladamente) (supondo um doente de 35Kg)	Eficácia (Fase)	Regime (dose e tempo)	Fabricante	Custo em Indiano Rúpias(Approx.)	Custo em dólares (USD)	Comentários
SSG + PM	91% (P3)	20mg/kg +11mg/kg ambos administrados IM durante 17 dias	Albert David Glândula Farmacêutica	2939.68	44	Apenas em África; utilizado em campo alargado por MSF

AmBisome + PM	97.5% (P3)	5mg/kg +11mg/kg/dia durante 7 dias	Gileade Glândula Farmacêutica	5278.07	79	Subcontinente indiano; requer cadeia de frio
AmBisome +MF	97.5% (P3)	5mg/kg + MF 100mg/kg/dia durante 7 dias	Paladino de Gilead	5892.73 7315.80	88.2 109.5	Subcontinente indiano; requer cadeia de frio; teratogenicidade do MF
MF + PM	98.5% (P3)	100mg/kg +11mg/kg tanto para 10 dias	Paladin Gland Pharma	2017.69 4055.42	30.2-60.7	Subcontinente indiano; teratogenicidade da MF; eficácia?

Capítulo 2- Tabela: Proteínas envolvidas na interação *hospedeiro-Leishmania* no contexto do ferro e suas características

Proteínas do hospedeiro	Características
Nrampl (Proteína 1 de macrófagos associados à resistência natural)	Expressa nas membranas fagolisossómicas e participa na exportação de Fe^{2+} das vesículas fagocíticas para o citosol. As mutações nestes genes aumentam a suscetibilidade à infeção por parasitas intracelulares.
DMT1 (Divalente Transportador de metais 1)	Também conhecido como Nramp2 ou transportador de soluto da família 11, membro 2, SLC11A2. Transporta ferro ferroso através da superfície intestinal e do endossoma para o citosol. O Nramp2 é o mais conservado dos transportadores de ferro conhecidos e a sua supressão conduz a um transporte defeituoso de ferro em leveduras e plantas.
Fpn1 (Ferroportina 1, Slc40a1, MTP1, ou Ireg1)	A exportação de ferro ferroso dos macrófagos ocorre através da ferroportina; presente em todas as células em que a exportação de ferro é uma função importante, a infeção induz a acumulação de ferro e a regulação positiva da ferritina nos macrófagos, inibindo a expressão de superfície da Fpn1.
TfR1 (Transferrina Recetor 1)	Glicoproteína homodimérica de ~90 kDa necessária para a absorção celular de ferro ligado à transferrina. A interação TfR1-Tf é reversível e depende do pH e do teor de ferro da transferrina.
Proteínas de parasitas	**Características**
LIT1/LIT2 (Transportador de ferro de *Leishmania*)	Transportador de Fe^{2+} da família ZRT-, IRT-like (ZIP) de proteínas de membrana. É expresso na membrana plasmática de amastigotas que se replicam no ambiente de baixo teor de ferro dos fagolisossomas dos macrófagos e é necessário para o crescimento do parasita e a formação de lesões *in vivo*.
LmAPX (*L. major* Ascorbate Peroxidase)	Peroxidase contendo heme envolvida na desintoxicação de $H2O2$ e na proteção sob stress oxidativo; é regulada positivamente no tratamento com concentrações crescentes de H exógeno O_{22} a 37 °C.

FeSOD (Superóxido Dismutase dependente de Fe)	Metaloenzima antioxidante contra os intermediários reactivos de oxigénio libertados durante a explosão de oxigénio; converte O_2^- em $H2O2$ e $H2O$. O $H2O2$ produzido pela FeSOD pode oxidar alvos celulares e está implicado no início da diferenciação da *Leishmania* em amastigotas virulentas.
LeMDR1 *(gene 1 de resistência a múltiplos fármacos de L. enriettii)*	Existe em múltiplas cópias em parasitas resistentes a medicamentos. Confere resistência a medicamentos ao sequestrar fármacos como a vinblastina. Associado ao aumento da atividade da aconitase e a um maior teor de ferro.
LHR1 (Recetor Heme de *Leishmania*)	Transportador transmembranar que promove a absorção de heme e é essencial para a viabilidade do parasita.
LMIT1 *(Leishmania* Ferro mitocondrial Transportador 1)	Proteína transmembrana de *L. amazonensis* homóloga à mitoferrina que funciona como um transportador de ferro mitocondrial. Crucial para a função mitocondrial e virulência de *LEISHMANIA*.

Figure:

1)

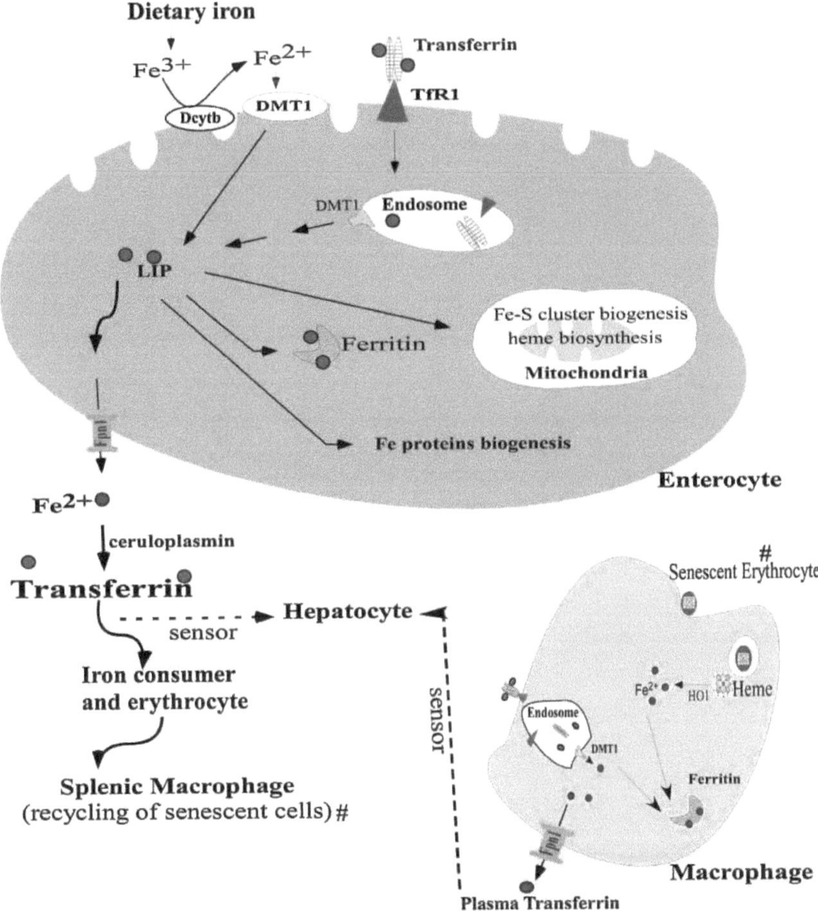

Figura 1. Fonte de ferro proveniente da dieta e das proteínas de ferro pelas células de mamíferos e manutenção da homeostase do ferro no hospedeiro: A absorção de ferro da dieta (Fe^{3+}) é reduzida pela redutase de membrana DcytB no lúmen do intestino. O DMT1 (transportador de iões metálicos divalentes) transporta o ferro ($Fe2^{+}$) através da membrana plasmática e o ferro é armazenado sob a forma de ferritina e transportado através da superfície basolateral pela ferroportina (Fpn1). A ceruloplasmina solúvel ou a hefestina ligada à membrana convertem o Fe exportado^{2+} em Fe^{3+} para o plasma, onde é ligado à transferrina (Tf), que será entregue aos tecidos e aos eritrócitos. O ferro é adquirido pelos macrófagos através da endocitose mediada pelo recetor da transferrina da Tf ligada ao ferro ou os eritrócitos senescentes são fagocitados pelos macrófagos e a porção heme é decomposta pelas heme oxigenases 1 (HO1) em ferro, monóxido de carbono e biliverdina, sendo o ferro exportado para o citoplasma. Nos macrófagos, o ferro é armazenado na ferritina para processos celulares ou transportado de volta para o plasma pela Fpn1, onde se liga à transferrina. (Adotado de Zaidi A et.al, Mol.Biochem Parasitol.)

2)

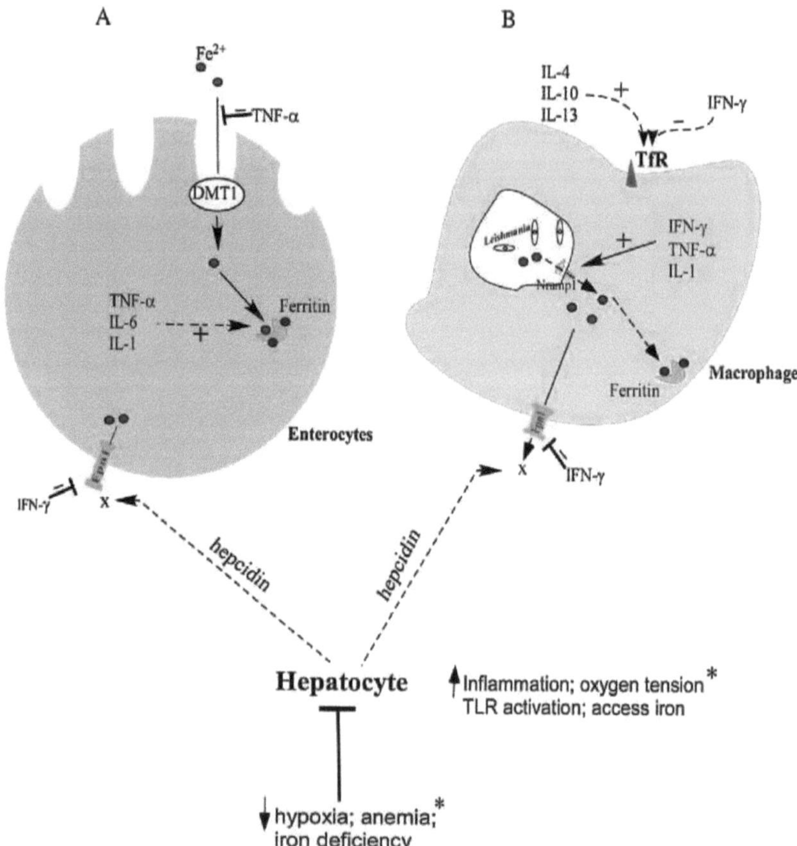

Figura 2. Regulação das defesas imunitárias inatas do hospedeiro contra a aquisição de ferro: (A) A defesa de retenção de ferro por citocinas pró-inflamatórias através da repressão da absorção de ferro mediada por DMT1 e da ativação da síntese de ferritina é regulada por citocinas. A hepcidina liga-se à Fpn1, que é o principal exportador de ferro, e induz a sua internalização e degradação, limitando ainda mais a saída de ferro. (B) Para limitar ainda mais a absorção de ferro no âmbito da resposta imune a sinais inflamatórios, os macrófagos regulam negativamente o recetor da transferrina. O ferro é ativamente removido do fagossoma através de Nramp1, uma atividade estimulada por IFN-y, TNF-a e IL-1. Estas acções culminam na redução da disponibilidade de ferro para os agentes patogénicos intracelulares.

(*) representa a regulação da síntese de hepcidina durante a infeção e a inflamação: A ativação dos TLR, a tensão de oxigénio e o acesso ao ferro conduzem à libertação de hepcidina do fígado e, consequentemente, à degradação da Fpn1, bloqueando ainda mais a saída do ferro, ao passo que a anemia, a hipoxia e a eritropoiese diminuem a produção de hepcidina.

(Adotado de Zaidi A et.al, Mol.Biochem Parasitol.)

3)

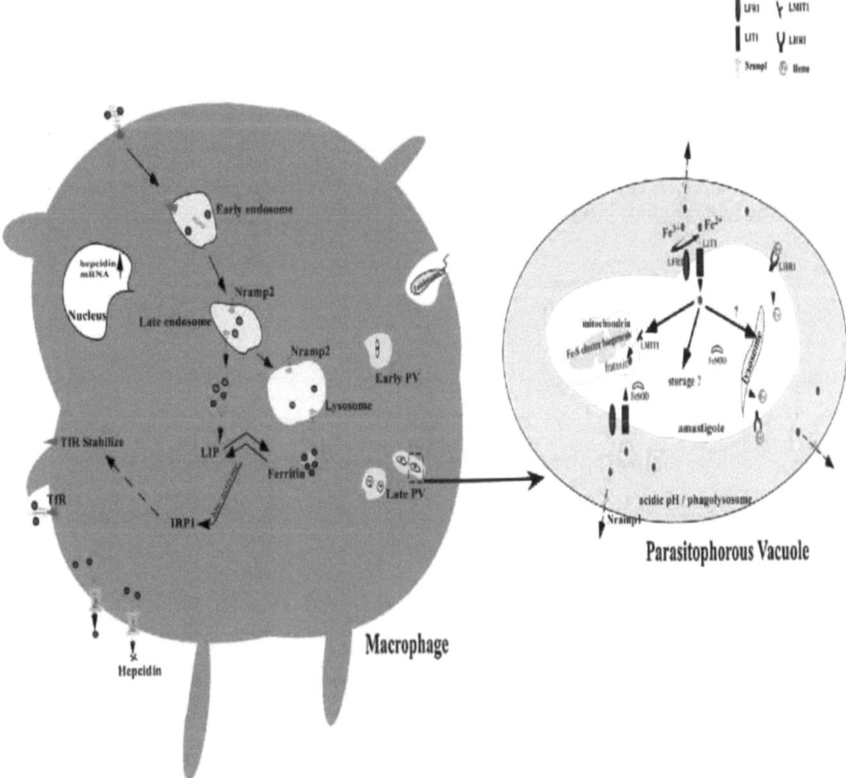

Figura 3. *A Leishmania* **adquire ferro dos vacúolos parasitóforos dos macrófagos do hospedeiro:** Nas células de mamíferos infectadas com *Leishmania*, a transferrina é absorvida através do seu recetor de transferrina e o complexo Tf:TfR resultante é endocitado e funde-se com o fagossoma do macrófago. Além disso, para a aquisição de ferro dentro dos PVs dos macrófagos, *a Leishmania* regula positivamente a maquinaria de transporte de ferro que lhe permite competir com o transportador de ferro do hospedeiro (Nramp1) pelo ferro. *A Leishmania* expressa LFR1 na sua membrana plasmática, que converte Fe^{3+} em $Fe2^{+}$ e depois é translocada através da membrana por LIT1, um transportador de ferro ferroso que também é regulado positivamente no ambiente pobre em ferro do PV para eliminar o ferro e, assim, diminuir a reserva de ferro lábil, o que resulta na ativação de elementos responsivos ao ferro (IRP1 e IRP2), que estabilizam o recetor de transferrina, aumentando assim a captação de ferro ligado a Tf, necessário para a sobrevivência do parasita. Uma vista ampliada do PV tardio mostra que o lado esquerdo apresenta amastigotas no interior do PV. As amastigotas absorvem Fe^{2+} para a sua sobrevivência, mas a forma como utilizam este anião ainda não é muito clara, estando representada por pontos de interrogação. (Adotado de Zaidi A et.al, Mol.Biochem Parasitol.)

Agradecimentos:

O autor gostaria de agradecer ao Conselho Indiano de Investigação Médica (ICMR), Departamento de Investigação em Saúde, Ministério da Saúde e do Bem-Estar Familiar, Nova Deli, Índia. Amir Zaidi é bolseiro do CSIR e agradece a assistência financeira sob a forma de bolsa de apoio do Conselho de Investigação Científica e Industrial (CSIR), Nova Deli, Nova Deli, Índia. Gostaria também de agradecer à Elsevier por me ter permitido utilizar o texto e as figuras. Por último, gostaria de agradecer ao Dr. Vahab Ali, Cientista E no RMRIMS, por todas as suas sugestões.

Printed by Books on Demand GmbH, Norderstedt / Germany